基于大数据的场地土壤和地下水
污染识别与风险管控研究

王夏晖　黄国鑫　黄明祥　王国庆　付加锋　刘伟江 等　著

科学出版社

北　京

内 容 简 介

本书以提高环境管理精准化、智能化、高效化水平为导向，以探索研究场地土壤和地下水污染识别与风险管控为目的，围绕区域、地块和行业等多个尺度，利用海量多源异构多维数据，借助大数据技术，在提出大数据支持的场地污染风险管控策略与路径基础上，先后研发了大数据系统、污染智能识别、污染源–汇关系诊断、多介质污染联合预测、风险管控等方面的技术方法和模型系统。

本书可供从事环境科学与工程、计算机科学与技术、大数据技术与应用、人工智能等领域的广大科技工作者、工程技术人员，以及相关院校师生参考。

审图号：GS 京（2022）0817 号

图书在版编目(CIP)数据

基于大数据的场地土壤和地下水污染识别与风险管控研究／王夏晖等著.
—北京：科学出版社，2022.9
ISBN 978-7-03-072930-9

Ⅰ.①基⋯ Ⅱ.①王⋯ Ⅲ.①场地–土壤污染–研究 ②场地–地下水污染–研究 Ⅳ.①X53②X523

中国版本图书馆 CIP 数据核字（2022）第 155107 号

责任编辑：李晓娟／责任校对：樊雅琼
责任印制：吴兆东／封面设计：无极书装

科学出版社 出版
北京东黄城根北街 16 号
邮政编码：100717
http://www.sciencep.com

北京建宏印刷有限公司 印刷
科学出版社发行 各地新华书店经销
*
2022 年 9 月第 一 版 开本：787×1092 1/16
2022 年 9 月第一次印刷 印张：18 1/4
字数：430 000
定价：228.00 元
（如有印装质量问题，我社负责调换）

前　言

随着我国城镇化的快速发展和"退二进三"产业结构调整，在城市及周边产生了大量遗留和新生的污染场地，场地污染风险管理已经迫在眉睫。近年来，我国在充分汲取国际多年来场地污染治理经验教训的基础上，提出了场地污染实施以"风险管控"为主的管理思路。开展场地污染识别与风险管控研究，对美丽中国建设、保障人居环境安全、人与自然和谐共生以及经济社会可持续发展具有重要的现实意义和深远的战略意义。

场地污染已经呈现出多污染类型、多污染来源、多介质共存、多迁移途径、多风险叠加、多时空演化、多尺度效应等特点，而传统的采样调查—风险评估—模拟预测—治理修复—效果评估为主的线性技术范式逐渐显现出污染溯源不准确、污染边界判定不清晰、风险预测偏离较大、风险管控措施效率不高等瓶颈问题，难以满足场地污染环境管理精准化、智能化、高效化需求。随着信息技术与经济社会的交汇融合，场地污染数据迅猛增长，部分大数据关键技术研发取得突破并得到创新应用，有望为解决传统场地污染风险管控的瓶颈问题提供有效技术路径。在此背景下，作者依托国家重点研发计划项目（2018YFC1800200），围绕区域尺度，兼顾地块尺度和行业尺度，利用海量多源异构多维数据，借助大数据技术，以场地土壤和地下水污染识别与风险管控为研究重点开展了多年研究，提出了大数据支持场地污染风险管控的策略与路径，并以此为基础提出了场地污染大数据系统、污染智能识别、污染源–汇关系诊断、多介质污染联合预测、风险管控等方面技术方法和模型系统，以期为场地污染风险管控提供科学指导。本书即在上述研究成果的基础上撰写而成。

全书共分10章，第1章重点分析研究背景与意义、国内外相关研究进展。第2章重点论述大数据支持场地污染风险管控的策略与路径。第3章重点阐述场地土壤和地下水污染大数据系统构建技术。第4～第9章分别重点介绍场地污染智能识别、污染源–汇关系诊断、多介质污染联合预测、区域风险管控、地块风险管控、大数据可视化有关技术方法和模型系统。第10章总结本书主要结论，提出大数据驱动场地污染识别与风险管控的未来展望。

本书写作分工如下：第 1 章，黄国鑫、田梓、王夏晖、孙启维、魏楠、王农、叶飞；第 2 章，王夏晖、黄国鑫、魏楠、张涛、李硕、陆海建；第 3 章，黄明祥、江叶枫、田硕、吴海东、杨毅、伍温强、王之戈、陈雪瑶、陈昊翔；第 4 章，王国庆、李勖之、陆晓松、刘婉蓉、黄明祥、黄国鑫、张亚、杨毅、吴海东、孙丽、杜俊洋、王玉晶；第 5 章，付加锋、王占刚、费杨、廉新颖、黄国鑫、黄明祥、师华定、朱守信、吴海东、杨毅、徐源、刘昭玥、张文帅、于淼、强栋、何云山、轩诗垚、李迎新；第 6 章，刘伟江、牛浩博、李宗超、魏亚强、田志仁、黄燕鹏、徐瑞颖、罗朝晖、陈坚、吴萌萌、徐瑞颖、刘玲、殷乐宜、文一、张琪；第 7 章，黄国鑫、王国庆、陈涤、王夏晖、朱文会、陆晓松、李勖之、王一鹏、张亚、孙丽、杜俊洋；第 8 章，田梓、黄国鑫、邓一荣、王夏晖、张秋垒、李韦钰、吴俭；第 9 章，王一鹏、黄明祥、江叶枫、黄国鑫、田梓、王夏晖、邓一荣；第 10 章，黄国鑫和王夏晖。全书结构由王夏晖拟定，黄国鑫、王夏晖完成全书统稿。此外，本书还参考了其他研究单位和学者的相关成果，均已在参考文献中列出，在此表示感谢。

由于作者水平有限，书中难免有不当之处，敬请广大读者批评指正。

作　者

2022 年 4 月 13 日

目 录

前言

第1章 绪论 ……………………………………………………………………… 1

  1.1 研究背景与意义 …………………………………………………………… 1

  1.2 大数据支持场地污染风险管控进展分析 …………………………………… 6

  1.3 科学问题识别 ……………………………………………………………… 10

第2章 场地污染风险管控策略与路径研究 ………………………………………… 11

  2.1 总体技术策略 ……………………………………………………………… 11

  2.2 总体技术体系设计 ………………………………………………………… 15

  2.3 大数据驱动的技术路径 …………………………………………………… 19

  2.4 小结 ………………………………………………………………………… 25

第3章 场地污染大数据系统构建技术研究 ………………………………………… 26

  3.1 非结构化数据处理方法 …………………………………………………… 26

  3.2 场地污染大数据存储与共享技术 ………………………………………… 27

  3.3 场地土壤和地下水污染大数据系统 ……………………………………… 29

  3.4 场地污染多源异构数据融合模型 ………………………………………… 36

  3.5 小结 ………………………………………………………………………… 42

第4章 场地污染智能识别技术研究 ……………………………………………… 43

  4.1 场地污染智能识别信息采集技术 ………………………………………… 43

  4.2 区域场地污染智能识别关键技术方法 …………………………………… 56

  4.3 场地污染智能识别应用系统开发 ………………………………………… 64

  4.4 区域疑似污染场地行业类别智能研判方法 ……………………………… 70

  4.5 基于遥感影像的区域疑似污染场地识别技术 …………………………… 76

  4.6 区域场地污染敏感受体（以学校为例）识别技术 ……………………… 79

  4.7 小结 ………………………………………………………………………… 83

第5章 区域场地污染源-汇关系诊断技术研究 …………………………………… 85

  5.1 研究区土壤污染状况分析 ………………………………………………… 85

5.2 　研究区地下水化学分析 ·································· 90

5.3 　基于深度学习的土壤重金属含量预测方法 ················ 94

5.4 　区域污染风险源分布格局分析方法 ···················· 98

5.5 　区域场地地下水污染源–汇关系诊断技术 ················ 101

5.6 　区域土壤污染与污染源空间关联分析方法 ················ 112

5.7 　区域场地污染时空过程三维动态仿真模拟技术 ············ 129

5.8 　小结 ··· 151

第 6 章　区域场地多介质污染联合预测技术研究 ················ 152

6.1 　大数据支持的区域场地土壤和地下水污染评估模型 ········ 152

6.2 　大数据支持的区域场地污染风险预测方法 ················ 167

6.3 　区域场地污染评估与风险预测大数据系统构建 ············ 183

6.4 　小结 ··· 194

第 7 章　区域场地污染风险管控技术研究 ···················· 195

7.1 　区域场地污染风险快速筛查模型 ······················ 195

7.2 　区域土壤重金属污染风险分区与管控方法 ················ 199

7.3 　区域场地污染风险管控智能决策方法 ··················· 212

7.4 　小结 ··· 217

第 8 章　场地污染风险管控技术研究 ························· 219

8.1 　场地污染风险管控模式推荐系统 ······················ 219

8.2 　重点行业场地污染风险管控技术推选模型和系统 ·········· 238

8.3 　基于大数据的区域污染场地优先管控名录构建方法 ········ 253

8.4 　小结 ··· 259

第 9 章　场地污染大数据可视化技术研究 ···················· 260

9.1 　可视化基础 ·· 260

9.2 　场地污染大数据架构设计 ····························· 263

9.3 　大数据可视化展示 ·································· 265

9.4 　小结 ··· 271

第 10 章　结论与展望 ···································· 272

10.1 　结论 ·· 272

10.2 　展望 ·· 274

参考文献 ·· 276

| 第1章 | 绪　　论

1.1　研究背景与意义

1.1.1　场地污染现状、危害及原因分析

随着城镇化快速发展和产业结构调整，我国城市及周边产生了大量污染场地（王夏晖等，2020），场地土壤污染已经成为亟待解决的生态环境问题（Li et al.，2020）。在美洲、欧洲和亚洲，每天都会检测出污染场地（Brandon，2013；Sigbert et al.，2013）。我国，各省（自治区、直辖市）陆续公布了建设用地土壤污染风险管控和修复名录，涉及污染地块近千个。2014 年发布的《全国土壤污染状况调查公报》显示，全国土壤环境状况总体不容乐观，工矿业废弃地土壤环境问题突出，在调查的重污染企业用地及周边的 5846 个土壤点位中，超标点位占 36.3%，工业废弃场地超标点位占 34.9%，主要污染物为锌、汞、铅、铬、砷和多环芳烃等，主要涉及化工业、矿业、冶金业等行业。有学者研究了典型城市场地污染情况，以广州市为例，该市污染场地主要遭受无机物和有机物的复合污染，污染物类型主要为重金属、氰化物、氟化物和有机物（谭海剑等，2021）。部分场地污染时间长（超过 30 年）、面积跨度大（10 000 ~ 300 000m²），污染较为复杂，污染程度严重，如某制气厂地块涉及苯系物、多环芳烃、石油烃等近 20 种污染物，污染深度达 24m，地下水同步受到污染，再如某涂料厂乙苯超标高达 30 000 多倍、某香料厂污染面积占场地面积的 54% 以上（吴俭等，2021）。另外，以北京市为例，该市的 26 个污染场地中，11 个为挥发半挥发性有机污染场地，3 个为农药污染场地，3 个为重金属污染场地，9 个为复合污染场地，主要污染物类型为挥发半挥发性有机物

（氯代烃、苯系物和多环芳烃）、农药（六六六和滴滴涕）和重金属（铬、铅、汞、铜、镍和锑等）（马妍等，2017）。土壤中污染物容易在风力或水力作用下进入大气和水体，引发大气污染、地表水污染、地下水污染和生态系统退化等次生环境问题。土壤是重金属入侵人体的主要途径之一，重金属通过食物链进入人体后会造成骨损伤、神经毒性、心血管损伤及癌症等疾病（黄芸等，2016）。

总体来看，我国场地污染情况并不乐观，污染场地数量多、污染成因复杂、溯源难度大、涉及行业广，给我国生态环境、经济发展和人体健康带来了巨大挑战，已成为生态文明建设和美丽中国建设的短板。

1.1.2 我国场地污染风险管理进展

近几年，我国确定了"风险管控"的场地污染风险管理思路，先后印发实施了《污染地块土壤环境管理办法（试行）》（环境保护部令第42号，2016年）、《土壤环境质量 建设用地土壤污染风险管控标准（试行）》（GB 36600—2018）、《污染地块风险管控与土壤修复效果评估技术导则（试行）》（HJ 25.5—2018）、《建设用地土壤污染风险管控和修复监测技术导则》（HJ 25.2—2019）等，提出了污染识别、调查评估、风险管控、效果评估等方面的管理和技术要求（表1-1）。另外，2019年1月1日起施行《中华人民共和国土壤污染防治法》，填补了我国场地污染风险管控领域的立法空白。

表1-1 我国场地污染识别与风险管控政策、法律、标准、规章、导则一览表

序号	类型	年份	文件名称	颁布机构	作用
1	规范	2020	《地下水环境监测技术规范》（HJ/T 164—2020）	生态环境部	规范地下水环境监测规范技术要求
2	指南	2019	《建设用地土壤污染状况调查、风险评估、风险管控及修复效果评估报告评审指南》（环办土壤〔2019〕63号）	生态环境部、自然资源部	规范建设用地土壤污染状况调查报告、风险评估报告、风险管控效果评估报告及修复效果评估报告的评审工作

序号	类型	年份	文件名称	颁布机构	作用
3	技术导则	2019	《建设用地土壤污染状况调查技术导则》（HJ 25.1—2019）	生态环境部	规范建设用地土壤污染状况调查的原则、程序、工作内容和技术要求
4	技术导则	2019	《建设用地土壤污染风险管控和修复监测技术导则》（HJ 25.2—2019）		规范建设用地土壤污染风险管控和修复监测的原则、程序、工作内容和技术要求
5	技术导则	2019	《建设用地土壤污染风险评估技术导则》（HJ 25.3—2019）		规范建设用地土壤污染风险评估的原则、程序、工作内容和技术要求
6	技术导则	2019	《建设用地土壤修复技术导则》（HJ 25.4—2019）		规范建设用地土壤修复的原则、程序、工作内容和技术要求
7	技术导则	2019	《污染地块地下水修复和风险管控技术导则》（HJ 25.6—2019）		规范污染地块地下水修复和风险管控的原则、程序、工作内容和技术要求
8	技术导则	2019	《建设用地土壤污染风险管控和修复术语》（HJ 682—2019）		规范污染与环境过程、调查与环境监测、风险评估、风险管控和修复等方面的术语
9	技术导则	2018	《污染地块风险管控与土壤修复效果评估技术导则（试行）》（HJ 25.5—2018）		规范污染地块风险管控与土壤修复效果评估的原则、程序、工作内容和技术要求
10	法律	2018	《中华人民共和国土壤污染防治法》（2019年1月1日起施行）	全国人民代表大会常务委员会	建立相应法律制度和体系，加强工矿企业环境监管，切断污染源头遏制扩大趋势，实行土壤和地下水污染分级分类管理
11	标准	2018	《土壤环境质量 建设用地土壤污染风险管控标准（试行）》（GB 36600—2018）	生态环境部	保护建设用地土壤环境质量，管控土壤污染风险
12	管理办法	2018	《工矿用地土壤环境管理办法（试行）》（生态环境部令第3号）	生态环境部	加强工矿用地土壤环境保护监督管理，防控工矿用地土壤污染
13	标准	2017	《地下水质量标准》（GB/T 14848—2017）	国家质量监督检验检疫总局和国家标准化管理委员会	保护和合理开发地下水资源，防止和控制地下水污染，保障人民身体健康，促进经济建设
14	政策	2016	《国务院关于印发土壤污染防治行动计划的通知》（国发〔2016〕31号）	国务院	我国土壤污染治理的首个纲领性文件，着力解决土壤污染问题
15	管理办法	2016	《污染地块土壤环境管理办法（试行）》（环境保护部令第42号）	环境保护部	加强污染地块环境保护监督管理，防控环境风险

序号	类型	年份	文件名称	颁布机构	作用
16	指南	2014	《工业企业场地环境调查评估与修复工作指南（试行）》（环境保护部公告2014年第78号）	环境保护部	指导和规范从业单位进行场地环境调查、风险评估、治理修复、修复环境监理、修复验收、后期管理等工作，支撑管理部门监管工作
17	规范	2004	《土壤环境监测技术规范》（HJ/T 166—2004）	国家环境保护总局	规范土壤环境监测规范技术要求

1.1.3　场地大数据

1. 场地大数据特点

目前，大数据的基本特征包括数据量大、类型繁多、价值密度低、产生速度快。数据量大指大数据的采集、存储和计算量非常大，起始计量单位至少是拍字节（PB）、艾字节（EB）或泽字节（ZB）级。类型繁多指大数据种类和来源多样，包括结构化、半结构化和非结构化数据，其中非结构化数据占80%以上（图1-1），具体表现为文本、报告、网络日志、音频、视频、图片、地理位置信息等。价值密度低指大数据蕴含信息量大，但有价值的信息少，需要结合业务逻辑（logit）并通过强大的智能算法来挖掘数据价值。产生速度快指数据增长速度快，处理速度也快，时效性要求高，如搜索引擎要求数分钟前的新闻能够被用户查询到，个性化推荐算法尽可能要求实时完成。

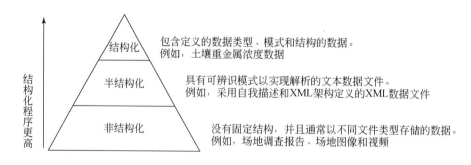

图 1-1　我国场地污染数据结构

在生态环境领域，通过多年积累，已初步形成场地污染相关海量数据。场地污染大数据除具有传统大数据的特征外，还具有高维性、高复杂性、高不确定性的"三高"特性（Guo et al.，2014；蒋洪强等，2019）。

1）高维性指数据来源包含反映自然与社会现象之间的多维数据。场地污染大数据可通过土壤、空气、水、噪声环境质量监测设备来感知，还可以通过生物传感器、化学传感器、射频识别技术、卫星遥感、视频、光学传感器、人工检查等感知。

2）高复杂性指场地污染大数据内在类型、结构及模式具有复杂性。高复杂性使得场地污染大数据的表达、理解和计算等多个数据挖掘环节面临巨大挑战。场地污染大数据本身价值密度较低，只有通过数据清洗、集成、建模、可视化等步骤才能将这种复杂、非结构化的数据转化为有价值的信息。

3）高不确定性指数据采集时可能存在错误或不完整，数据处理时出现的不确定性概率较高。场地污染大数据来源于不同部门，数据标准、规范不统一；通过不同网络爬取工具获得的数据格式具有多样化；各部门数据共享程度较低，同一指标数据缺乏一致性。

2. 场地大数据来源

我国污染场地数据来源广泛，主要包括三个渠道：一是政府数据，如土壤背景值调查、全国土壤污染状况调查、全国土壤污染状况详查、多目标区域地球化学调查、农产品产地土壤重金属污染普查、全国污染源普查等调查数据，以及环评审批、环保验收、信访举报、排污许可、营业执照审批、企业工商等掌握的土壤、地下水、重金属、有机物、企业名称、地理位置等数据；二是开源数据，如在中国科学院数据云、地理空间数据云、地理国情监测云等云平台共享的土地利用、土壤类型、地形、地貌、遥感、水文、水文地质、降水、道路、人口、经济、学术论文等数据；三是网络数据，在互联网（internet）、物联网、移动互联网上获取的舆情、企业基本情况、污染突发事件、谷歌和百度地图兴趣点（point of interest，POI）等数据（王夏晖，2019）。

1.2 大数据支持场地污染风险管控进展分析

1.2.1 大数据支持场地污染风险管控的数据挖掘

基于 Web of Science 数据库，检索出 2010~2020 年的 17 860 篇大数据文献和 656 篇大数据支持场地污染风险管控文献，分别利用词频高于 20 次和 10 次的关键词绘制研究热点与结构图。不难看出，大数据领域的研究热点主要有机器学习（machine learning）、物联网（internet of things）、深度学习（deep learning）、人工智能（artificial intelligence）、云计算（cloud computing）、数据挖掘（data mining）、数据模型（data model）、区块链（blockchain）等（图 1-2）。在此基础上，围绕土壤和地下水中污染物特别是重金属，人工神经网络（artificial neural network）、深度学习、机器学习［如支持向量机（support vector machine，SVM）、随机森林（random forest）］等支持污染预测、污染源识别、水质分析、风险评估的技术得到了较多关注（图 1-3）。

1.2.2 大数据支持场地污染识别

目前，基于现有场地污染调查有关技术方法，不论是区域还是地块尺度上，由点及面的土壤污染浓度识别可能产生与实际偏离较大问题，已经不能满足日益增长的精细化环境管理需求。近年来，基于大数据的相关关系内涵和大数据深度挖掘，利用已知有限点位的土壤数据并借助多源辅助数据，成功实现了土壤污染及其属性的浓度和空间分布识别，取得了较好效果（Chen et al.，2019；Pyo et al.，2020；Cao and Zhang，2021）。例如，借助 98 个土壤样品、1960 个测试点位数据，围绕野外现场快速检测的可见红外光光谱（350~2500nm），基于卷积神经网络、配有卷积自编码器的卷积神经网络、人工神经网络、随机森林、人工神经网络+主成分分析、随机森林+主成分分析 6 种算法，建立基于大数据的土壤 As、Cu、Pb 浓度快速检测方法，其中配有卷积自编码器的卷积神经网络的准确度最高（Pyo et al.，2020），为研制新型的场地

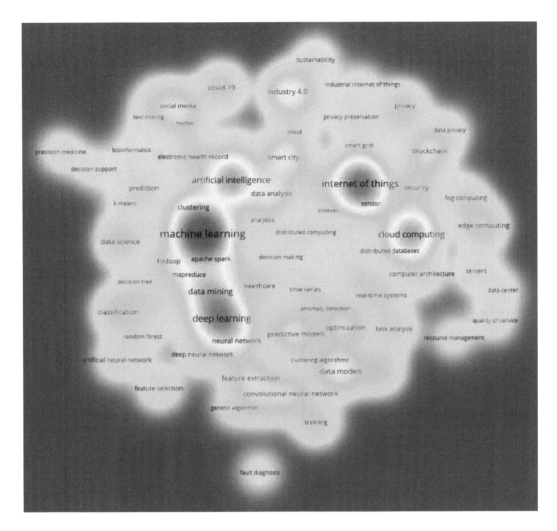

图 1-2　大数据领域的研究热点与结构

污染快速检测设备提供了可以借鉴的经验。同时，针对政府部门间存在数据孤岛、数据共享难度大、污染场地信息涉密、土壤管理存在盲区等问题，借助大数据技术，实现了土壤污染源的地理识别和图像识别（吴育文等，2013；Jia et al.，2019），进而增加了污染源识别的全面性，提升了污染源识别的智能化水平，并提高了污染源识别的工作效率。例如，利用遥感影像耦合深度学习特别是卷积神经网络进行的场景分类、视觉识别与空间定位越来越受到关注（徐刚等，2019；Zhang et al.，2020；杨金旻，2020；杨瑾文和赖文奎，2020；史文旭等，2020）。再如，应用区域卷积神经网络实现了在卫星图像上识别与定位水泥厂目标，为生态环境部门提供了一种高效便捷的水泥厂目标检测和统计

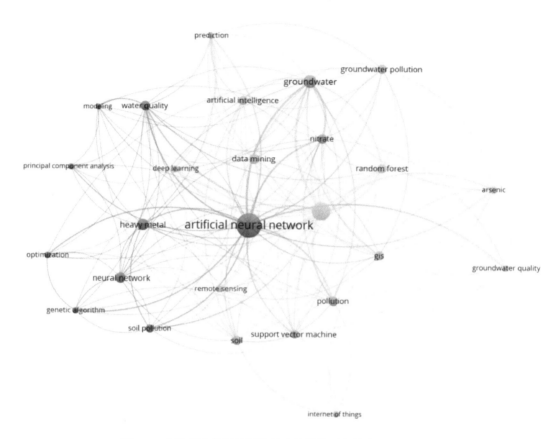

图 1-3　大数据支持场地污染风险管控的研究热点与主题结构

方法（徐刚等，2019）。当然，多种算法耦合的卷积神经网络模型结构及其相应的图像预处理、样本容量扩充方法和参数调整需要加大研发力度，以期提高遥感影像处理精度和检测速度。

1.2.3　大数据支持场地污染源–汇关系诊断

目前，国内外学者在源–汇过程诊断、来源解析等方面的研究中，多以静态现状分析和同位素示踪作为主要研究手段，以多元统计分析、模型构建作为主要技术方法，技术方法比较单一，多种技术联用少见，智能诊断水平不足。为此，近年来，基于源–汇理论，研究者开展了基于大数据技术的场地污染源–汇关系诊断研究，并取得了积极进展。例如，采用模糊 K 均值和随机森林，在获取土壤重金属分布特征基础上，确定了土壤重金属污染的主要影响因子及潜在风险区域（Jia et al.，2020）。再如，采用条件推理树，确定了典型烟草生长土壤中不同重金属污染风险的主要影响因子（Wu et al，2020）。

1.2.4　大数据支持场地污染风险评估

目前，通常采用场地暴露模型、潜在生态危害指数、地质累积指数、内梅罗指数等方法进行场地土壤污染生态和健康风险评估（宋从波等，2014；Baruah et al.，2020；Pecina et al.，2020；Liu H et al.，2021）。为克服这些传统技术方法评估预测结果的不确定性问题（黄瑾辉等，2012），研究者利用大数据技术开展了土壤环境风险评估的有益尝试，并取得了一定效果。例如，采用基于迭代二叉树三代（ID3）的朴素贝叶斯决策树模型，提出 15 条小麦 Cd 超标风险的识别规则，建立了环境因素与小麦 Cd 超标风险的相关关系（仝桂杰等，2019）。总体来看，大数据支持场地污染环境风险评估方法及其影响机制的研究依然是未来的研究热点。

1.2.5　大数据支持场地污染风险管控

众多研究者开展了传统的场地污染风险管控方法研究，但是难以解决土地利用规划和空间布局调整中传统数学模型存在的多目标和非线性、智能风险管控方法缺失等不足。遗传算法既可以克服上述传统数学模型不足，还可以实现数量结构和空间结构的双重优化配置（Schwaab et al.，2017；Liu et al.，2015；Porta et al.，2013；石英和程锋，2008）。当然，现有研究重点关注农用地构建决策变量、目标体系、约束条件、目标函数，尚未考虑土壤环境风险、人体健康安全、建设用地类型。在大数据支持场地污染智能风险管控上，采用案例推理和 K 最近邻域（K-nearest neighbor，KNN）法，筛选确定了场地基础情况、特征污染物、污染迁移途径、敏感目标、风险管控模式的环境经济社会效益等方面 24 项特征属性，利用层次分析和 MATLAB 确定了属性权重，建立了污染场地风险管控模式推荐方法，实现了 3 个源案例的智能推荐（张秋垒等，2020）。不过，该研究中权重赋值的主观性比较强。研究表明，遗传算法等演化算法（Kennedy and Eberhart，1995；Abdullah and Ali，2019；Alimi et al.，

2021）有益于权重的客观优化分配，但也表现出消极学习、容易陷入局部极值点、收敛速度较慢等缺点（王启付等，2005；张春晓等，2014；Liu X et al.，2021）。在大数据支持场地污染监管可视化方面，展漫军等（2014）利用 Sufer 软件和 AutoCAD 软件来表现不同污染水平和不同风险水平空间分布。本项目组利用 Python、Fine BI 等可视化工具，融合人脑科学、管理科学和信息科学，运用描述性统计分析、聚类分析、主成分分析、隐马尔可夫模型和无语意词库模型等，采用南丁格尔玫瑰图、雷达图、仪表盘、标签云、散点图、热力图等和个性化点击交互等进行多层次多维度可视化映射，打破数据隔离，提升场地污染监管能力。

1.3　科学问题识别

场地污染及其风险管控属于典型的复杂科学问题，场地所在的区域空间是一个三维立体空间，涉及土壤、空气、地表水、地下水、生物、固废等多个环境要素，具有"多污染来源、多介质共存、多敏感目标、多时空演化、多目标决策"特点，导致现有传统采样分析、污染识别、风险预测、风险管控与修复、效果评估面临调查评估不准确，风险预测偏离较大，风险管控措施效率低，修复效果不确定性较大，修复方案选择不合理，治理修复投入成本高昂，精准化、智能化、高效化管理和技术水平欠缺等瓶颈问题。

大数据等现代信息技术因其数据来源广泛、数据价值深度挖掘、可实现多维时空动态可视化展示等优势，有望为破解上述传统场地污染风险管控瓶颈问题提供可能。但是，通过前述大数据支持场地污染识别与风险管控研究进展现状分析可知，立足中央和地方场地污染管理决策的实际需求，环境科学、大数据科学、信息科学和认知科学等跨领域跨学科知识综合运用不足，场地污染识别与风险管控的大数据驱动理论基础尚未探明，场地污染大数据系统构建技术有待研发，以智能决策为导向的场地污染识别、源–汇关系诊断、风险预测和风险管控的技术体系尚不健全，污染物在场地空间的多维多相态输移转化机制刻画技术缺失，多视角、多维度的场地污染智能决策研判与可视化技术尚未建立。这些科学问题的解决将为场地污染防治和环境安全提供科学依据与技术支持，同时为推动环境大数据发展及其应用领域的拓展做出贡献。

第 2 章 场地污染风险管控策略与路径研究

2.1 总体技术策略

2.1.1 风险管控措施现状

围绕场地污染风险识别、评估、预测、管控等全过程重要环节，美国、加拿大、英国等发达国家相继规范了管理和技术框架。我国发布了《建设用地土壤污染风险评估技术导则》《地下水污染健康风险评估工作指南（试行）》《国务院关于印发土壤污染防治行动计划的通知》，修订了《土壤环境监测技术规范》《污染场地环境监测技术导则》《土壤环境质量 农用地土壤污染风险管控标准（试行）》《土壤环境质量 建设用地土壤污染风险管控标准（试行）》等技术标准文件，颁布了《中华人民共和国土壤污染防治法》《污染地块土壤环境管理办法（试行）》等法律和规章，形成了涵盖法律法规、部门规章、标准规范和技术文件在内的一整套相对较完善的场地污染风险管控管理制度体系。

场地污染土壤和地下水污染风险管控技术主要可分为工程控制与制度控制两大类。风险管控的工程控制措施主要有物理措施控制（如客土/换土、土壤淋洗、气相抽提和曝气等）、化学措施控制（如化学还原、化学氧化、固化/稳定化等）、生物措施控制（如强化降解、生物通风、生物堆肥、动物修复、植物修复等）。风险管控的制度控制措施主要有划定特别管制区域、设立标识、设置围隔、土地用途调整、规划布局调控等。在决策管理实践中，决定风险管控技术路线最为核心的因素是未来土地开发利用用途，经济成本控制也是较为重要的考量。同一处污染场地会因未来使用用途不同，而采取截然不同的风险管控技术和管理方案。

2.1.2 大数据应用进展

在大数据、人工智能、云计算、区块链、物联网和移动通信高度发达的条件下，数据共享、万物互联成为必然发展趋势。2017 年，环境保护部会同国土资源部、住房和城乡建设部部署应用了全国统一的管理信息系统，将分散在各个部门、行业、企业的场地污染数据信息进行汇集和统筹，建立数据共享开放的标准和机制，基于大数据挖掘开发更多的场地污染管理应用，从而推动场地污染风险管控管理决策水平大幅提升。未来基于大数据的场地污染风险管控重点应包括大数据资源中心的构建、大数据资源目录体系与组织管理、大数据的共享与服务、大数据的网络硬件与信息安全保障、大数据资源中心业务化运行的保障、大数据采集—集成—汇聚—分析—应用等全链条体系建设。

近年来，在科学研究和方法研制方面，大数据支持土壤污染防治的研究与应用已有一些报道。基于大数据进行土壤数据提取与结构化，利用自然语言处理方法，自动提取和结构化土壤调查报告中土壤环境信息。借助全球 150 000 个土壤剖面数据、158 个基于遥感的环境因素数据，利用机器学习方法，构建全球土壤网格，形成标准化数字土壤产品（涉及有机质、堆积密度、阳离子交换量、pH、土壤质地、粗粒级 6 项属性）。基于第二次土地调查数据（4700 个土壤剖面），结合高程、坡度、地貌、气温、土地类型等 17 个环境因素数据，利用随机森林法、极端梯度提升法等机器学习方法，统计了实测土壤样点 pH 分布，并进一步推测全国土壤 pH 空间分布和土壤重金属环境容量。基于"七五"土壤背景值调查数据、土壤污染调查数据，结合土壤质地、母质、有机质、高程、植被覆盖等 9 个环境因素数据，利用网格搜索法、粒子群优化（particle swarm optimization，PSO）算法和遗传算法，筛选出最佳数据分析方法，并评估了土壤砷背景值。借助 Google Search 上的地理标识数据（即 POI 数据）、污染企业调查名录、土壤样品分析测试数据，利用机器学习方法，将长江三角洲地区企业划分为 31 个单一的行业类型和 4 个复合的行业类型，并利用双变量局部空间相关性分析方法探讨了重金属和企业数据的空间关系，识别出可能存在的污染企业。随着大数据技术在环境领域应用的逐步加深，其技术优势会逐步显现，基于大数据的场地污染风险识别与管控复杂问题研究将成为热点之一。

2.1.3 总体策略分析

1. 优先建立场地污染风险管控大数据集、知识库及推理规则

基于场地污染风险管控的大数据驱动机理与路径，建立涵盖重点监管企业、环境统计、污染源普查、土壤污染状况调查、地下水调查、高分（GF）遥感影像、水文地质、地形、气象、舆情、文献资料等多源数据的场地污染风险管控大数据集。运用数据挖掘、机器学习等方法，将入库的结构化、半结构化、非结构化数据，清洗、融合、集成为有效的场地污染风险管控大数据信息。

2. 建立场地污染风险管控方案决策方法及推理机制

风险管控方案决策是综合权衡环境标准要求、场地环境条件、技术经济要求、政策规划要求和环境人体安全的过程。利用规则推理、案例推理等人工智能技术，采用"规则推理为前导、案例推理后置补充"的推理过程执行流程。建设知识库（含规则库和案例库），其中规则库中建立的规则主要来源于风险管控有关法律法规、标准规范、基本理论、基本原则等，案例库建立的规则主要来源于已有文献资料和现有场地的历史案例，形成场地污染风险管控方案决策方法及推理机制。

3. 建立区域尺度场地污染风险管控大数据支持模式

确立区域（流域或行政单元）整体风险控制目标，以移除或清理污染源、阻断污染物迁移途径、切断污染物暴露途径为基本管控策略，通过工程控制和制度控制手段，建立适用于不同污染源–汇类型的场地污染风险管控模式。通过大数据分析，确定其适用条件和技术参数，明确管控技术流程。构建涵盖场地污染属性、环境因素、社会经济因素、风险管理因素的综合指标体系，运用基于大数据的多目标决策分析方法，结合区域场地污染概念模型，建立管控成效评价方法，实现管控模式的应用效果精确预测。

4. 针对重点监管行业分类构建场地污染风险管控技术路线

基于高分遥感影像、水文地质、企业生产经营活动、场地调查与监测等大数据，结合工程分析、行业类型、土地利用方式等，在建立风险源识别规则的基础上，利用逻辑回归、决策树等手段开展数据挖掘，建立污染风险识别通量模型，建立模型结果表达和解释方法体系，建立土壤、地下水污染与影响因子的关联关系，识别出典型重点监管行业在产企业的风险源。针对不同污染源类型和风险预测等级，分类建立不同重点监管行业场地污染风险管控技术路线，确定其适用条件和技术参数。借助成本效益分析和多目标分析评价方法，明确管控效果并反馈优化技术参数。在此基础上，围绕管控目标、管控方式、过程管理、监测要求等，建立重点监管行业场地污染风险管理模式。

5. 研制场地污染风险管控全景式决策支持模型

推动场地污染风险管控管理决策模式由传统的以管理流程为主的线性范式逐渐向以数据为中心的扁平化范式转变。全景式决策支持模型利用大数据深度挖掘和价值发现优势，将风险管控方案建立在场地污染关联多源信息、趋势走向、全局视角、实时与动态性的全面分析基础上，是由决策主体、决策目标、约束条件、决策方案构成的一个有机整体，包括信息收集与处理、深度挖掘、关联分析与综合研判、决策方案生成、效果评价与反馈优化等模块，从更为系统、整体、全局的视野提供决策支持。关联分析与综合研判涵盖场地污染特征分析、场地污染分区管控分析、风险管控要素分析、风险源识别、风险管控技术筛选、管控名录构建等子模块。

6. 建立基于长时间序列大数据分析构建场地污染中长期风险管控路线

基于国内外 10~20 年内的场地污染风险管控全样本（近全样本）数据分析，建立符合我国土地管理制度和场地污染特征的中长期风险管控路线。对现有基础信息采集、现场调查、风险筛查、方案可行性研究、长期监测、效果评估、工程验收、后风险评估等风险管控技术环节进行优化，重新评估和确定关键技术参数取值与技术要求，建立大数据驱动的层次化场地污染风险管控技术程序。结合场地污染土地规划用途、行业特征、风险等级、社会影响等因素，建立我国场地污染优先管控名录，根据大数据动态信息分析结果，对名录实时更新。

2.2　总体技术体系设计

数据已成为国家基础性战略资源，大数据正日益对生产、流通、分配、消费以及经济运行机制、社会生活方式和国家治理能力产生重要影响。2015 年 8 月，国务院印发《促进大数据发展行动纲要》（以下简称《纲要》）。《纲要》明确了未来一段时间我国大数据发展的总体目标和主要任务，明确要加快政府数据开放共享，推动资源整合，提升治理能力，推动大数据产业创新发展。至此，我国大数据发展上升为一项国家推动的重大战略。从国内外实践来看，大数据技术在环境领域的应用日益广泛，因其具备海量信息存储和处理能力，数据信息的来源和类型得到大幅扩展，并使用数据挖掘、人工智能、模拟仿真、关联分析等现代技术手段，在解决复杂污染问题方面展示出明显优势。场地是一个叠加了生物、水、空气、土壤等多种要素的空间复合体，其污染问题具有显著的时空异质性，污染风险管控与治理需要大量数据信息作为基础支撑。大数据技术与场地环境管理深度融合，可大幅提高场地污染识别与风险管控的智能化、数字化和精准化水平。

2.2.1　大数据的优势分析

大数据是区别于实验研究、数学模型、现实仿真等方法的一种全新的思维范式和技术体系（图 2-1）。依据《纲要》，大数据是以容量大、类型多、存取速度快、价值密度低为主要特征的数据集合，快速发展为对数量巨大、来源分散、格式多样的数据进行采集、存储和关联分析，从中发现新知识、创造新价值、提升新能力的新一代信息技术和服务业态。在技术层面，对海量、多源、异构复杂数据进行分析处理，获得新信息和新知识；在应用层面，从结构化、半结构化、非结构化的海量数据中获取与目标需求相关的有价值信息，需处理的数据规模巨大，传统信息处理技术无法在规定时间内完成处理任务；在分析层面，大数据更加强调"相关关系"，而不是"因果关系"，在围绕主题的全样本、近全样本中发现变量间的内在联系和关联特征，为后续调整优化关联链条的管理决策提供依据。

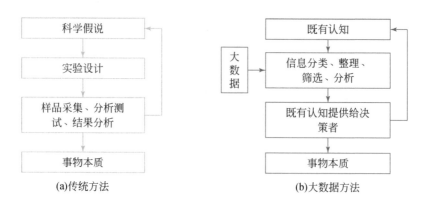

图 2-1　获取事物本质的方法

在场地污染识别和风险管控方面，常规实证性研究主要依靠土壤、地下水样品数据与质量标准的对比分析判定污染情况、可能风险，数据来源单一且以数值型结构化数据为主，关注个体数据质量，难以处理海量数据。而基于大数据的场地污染研究，可将多源、异构数据，尤其是遥感影像、图片、网络舆情等非结构数据纳入采集和分析范围，数据量、来源广度、类型可极大扩展，还可实现数据关联分析和实时数据并行挖掘进行决策。例如，分析土壤和地下水数据、污染源分布、扩散途径、污染物类别、场地周边敏感受体等数据，对场地污染风险进行综合评价；通过对地面、植被等遥感图像数据、网络舆情数据等的分析，可识别发现未知的场地污染。

2.2.2　基于大数据的基础评估

近年来，物联网、云计算、人工智能等大数据前导性技术逐渐成熟，通过环境质量监测、基础调查、污染源监管、遥感解译等，环境类数据大幅增加。特别是我国开展了多轮多次全国尺度、重点区域的土壤、地下水、遥感、污染源、土地利用等调查，包括全国土壤环境背景值调查、全国土壤污染状况调查、多目标地球化学调查、农产品产地重金属污染状况调查、全国地下水基础环境状况调查评估、全国污染源普查、全国土地利用调查等。围绕土壤、地下水、场地污染等，各领域研究者发表了超过 200 万篇的相关科研论文与研究报告。上述各类调查、学术研究获得的数据，媒体报道、公众污染举报等信息，以及大量单体、集群的场地污染治理项目信息，共同构成支持国家、区域、地块三个尺度场地污染识别与风险管控的大数据"源"。

在场地污染识别、评估、预测、管控等方面，国内外技术和标准体系日趋完善。例如，美国国家环境保护局（United States Environmental Protection Agency，USEPA）建立"危害排序系统"、加拿大环境部发布"国家污染场地分类系统"、新西兰环境部建立"场地污染快速危害评估系统"等。我国已发布《污染场地风险评估技术导则》《地下水污染健康风险评估工作指南（试行）》《土壤环境质量 建设用地土壤污染风险管控标准（试行）》《地下水质量标准》等技术文件和标准。研究者主要围绕场地污染分类、风险管控技术、管控制度等，并结合具体场地案例进行了大量研究。目前的场地风险管控技术主要是基于暴露途径切断与受体防护的阻隔技术，基于污染物消减的热脱附、气相抽提、化学氧化、生物修复、固化稳定化等技术，以及土地用途调整的制度控制。但是和欧美发达国家采用的场地污染风险全过程管控体系相比，我国场地污染风险管控尚处于初期阶段，风险管控技术体系仍待完善。

总体而言，国内外场地污染识别与风险管控已具备一定的研究和实践基础，但与未来场地环境管理的精准化、实时化、智能化需求仍存在较大差距。场地大数据研究仍处于起步阶段，为提升污染区靶向识别、阻隔与消减工程效率、风险预测准确性、有效控制成本等，亟待开展基于大数据的场地污染识别、风险评估、预测与管控的基础理论与技术方法研制和不同尺度的应用示范。

2.2.3 总体技术体系设计分析

1）准确全面的数据信息支持科学的场地环境管理决策。能够准确、及时、全面地获取和分析处理相关数据信息，是精准识别污染、管控污染风险、预测发展趋势、降低治理成本的关键环节。以 2016 年 5 月国务院印发的《土壤污染防治行动计划》提出的"到 2020 年，受污染耕地安全利用率达到 90% 左右，污染地块安全利用率达到 90% 以上。到 2030 年，受污染耕地安全利用率达到 95% 以上，污染地块安全利用率达到 95% 以上"为指标导向，需要分别从大数据支持场地污染智能识别、场地污染物溯源诊断、场地污染风险预测、场地污染风险管控等全链条重点环节，构建大数据技术支撑体系，推动实现我国场地污染风险管理的智能化、精准化、高效化。

2）数据库、数据管理、数据平台、数据应用等构成场地大数据系统。基础架构通常采用 Hadoop 分布式基础框架（文件系统、数据库、数据处理）；数据采集主要采用 ETL（extract translate load，抽取、转换、装载）工具、数据众包，以及 Web 3.0 技术、条形码技术、射频识别（radio frequency identification，RFID）技术、移动终端技术，将分散、异源异构数据抽取、清洗、转换、集成，载入数据仓库；数据存储主要采用非关系型数据库、实时流处理、云存储等；数据处理主要采用自然语言处理、文本情感分析、人工智能、MapReduce 编程模型等；数据分析主要采用假设检验、相关分析、回归分析、聚类分析、判别分析、Bootstrap 技术等；数据挖掘包括关联规则、复杂数据提取等；模型预测主要采用机器学习、数值模拟、决策树、神经网络等；结果可视化主要采用聚类图、关系图、热图、空间信息流等。

3）建立大数据驱动的场地污染智能识别、溯源诊断、预测预警、风险管控全过程技术体系。在场地污染识别与评估的大数据系统方面，需要首先检测多源异构数据质量，编制数据资源目录，建设大数据运行维护硬件系统，实现时空多维认知表征及开放共享与多目标管理。在场地污染智能识别方面，需要针对有色金属矿采选、有色金属冶炼、石油开采、石油加工、化工、焦化、电镀、制革等不同行业，利用物联网、传感器、人工智能等技术手段，建立智能化识别方法与模式，发展污染信息智能监控与采集技术，建立场地污染智能识别信息管理系统。在场地污染物溯源诊断方面，针对区域场地污染时空过程复杂性问题，构建特征污染物源-汇大数据集，揭示污染物在土壤-地下水系统中的输移模式与规律，进行时空模拟与三维可视化，形成污染源-汇关系溯源诊断技术。在污染风险预测预警方面，利用大数据技术和污染扩散、溶质运移数学模型，精确识别场地土壤-地下水耦合风险特征，构建场地土壤和地下水污染评估与风险预测系统。在场地污染风险管控方面，根据风险源-途径-受体三个要素，将场地污染大数据与大气扩散模型、水污染模型、生态动力学模型等有机结合，可以更为科学、精准、高效地制定出场地修复工程技术和管理方案，以大量的精细数据和模型作为支撑，建立修复方案与修复目标之间的量化关联，形成中长期风险管控策略。

2.3 大数据驱动的技术路径

2.3.1 大数据融合的技术环节

围绕大数据技术提升场地污染识别与风险管控精准化、智能化水平，结合现有场地环境管理实际，总结出场地污染识别与风险管控的技术环节和技术流程。在此基础上，考虑大数据技术特点，提出大数据与传统场地管理的融合环节，实现场地污染风险管理由管理流程为主的线性范式向以数据为中心的扁平化范式转变。以区域尺度为重点，可以将大数据融入区域污染物输移转化关系构建、污染空间分布特征分析、污染源与敏感受体识别、污染介质与场地空间关系诊断、源-汇时空演化过程三维仿真模拟、污染风险分级分类预测、管控修复策略筛选、优先管控目录建立、土地利用开发优化、管控修复效果评估等环节（图2-2）；针对地块尺度，可以将大数据融入场地污染识别与评估、风险分析、风险预测、管控修复技术和模式筛选、数据回顾分析、管控修复效果评估等环节（图2-3）。

2.3.2 大数据驱动的技术路径

系统梳理出大数据支持场地污染识别与风险管控的驱动力和技术路径，主要涉及基于相关和全量（又称全样本）数据分析的驱动力、基于多源异构数据融合的驱动力、基于数据价值发现的驱动力、基于智能化实现的驱动力、基于精准管理的驱动力等，技术路径主要涉及大数据支持场地污染识别与风险管控的全流程技术环节，包括场地大数据系统构建、污染源-敏感受体识别、源-汇关系诊断、场地污染行业类别研判、污染分布格局分析、污染时空过程模拟、场地污染风险预测、污染风险快速筛查、污染风险管控智能决策等（图2-4）。

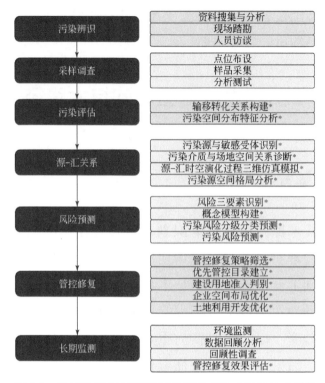

图 2-2　区域尺度场地污染识别与风险管控大数据技术环节

＊为大数据接入的主要技术环节

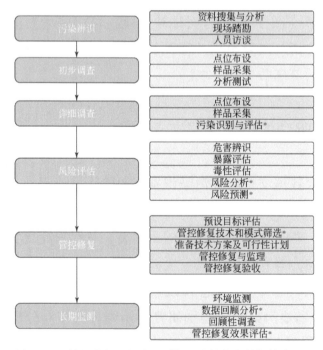

图 2-3　地块尺度场地污染识别与风险管控大数据技术环节

＊为大数据接入的主要技术环节

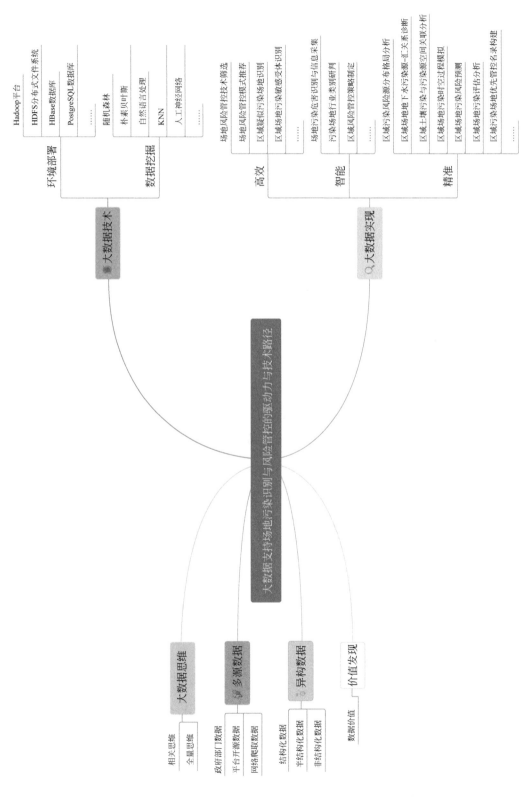

图2-4 大数据支持场地污染识别与风险管控的驱动力与技术路径

在场地土壤和地下水污染大数据系统构建技术路径方面，围绕场地污染多源异构大数据库，形成数据资源目录，建立多尺度场地土壤和地下水污染多源异构数据库；围绕非结构化数据处理方法，利用自然语言处理，建立场地污染非结构化信息提取入库流程；围绕场地污染大数据存储与共享，将结构化数据存储于 MySQL 中，将 XML 或 JSON 格式的半结构化数据存储于 HBase 中，将非结构化数据存储于 HDFS 中；围绕场地污染大数据系统技术架构与功能设计，按照三个维度（IT 架构、数据架构和应用架构）和五个层次（基础设施层、大数据层、中间件层、微服务层和用户接口层）建设场地污染大数据系统架构。

在大数据支持的场地污染智能识别技术路径方面，围绕区域场地污染危害识别信息智能采集，运用随机森林，基于行业企业地块信息、生产工艺、产排污特点、水文地质信息和敏感受体等多源关键信息，确定危害识别关键指标，开发基于大数据的场地污染智能识别信息化终端，设计监测数据实时智能采集流程。

围绕场地土壤和地下水污染智能识别，通过大数据的采集与预处理、存储、分析和可视化等，确定行业地块信息、生产工艺、产排污特点、水文地质信息和敏感受体等关键信息，构建场地土壤和地下水污染智能识别方法，研发地块信息收集、构建标准化数据库、数据挖掘分析三个功能模块；基于场地调查数据，运用人工神经网络，构建场地污染风险预测模型，并开发智能识别系统。

围绕区域疑似场地污染行业类别智能研判，运用隐马尔可夫模型、Viterbi 算法和 jieba 分词引擎进行数据特征工程处理，利用企业名称和经营范围构建有语义词汇库，引入摘要和权重改进朴素贝叶斯，实现中类行业类型智能研判，提高预测准确性，建立相关数据分析、多源异构数据融合、数据价值发现驱动区域疑似场地污染行业类别智能研判的基本路径。

围绕区域疑似场地污染识别，基于高分影像及场地调查报告、疑似污染地块数据、POI 数据，对其进行正射校正、自动配准、图像融合、辐射定标等预处理，运用单次多盒检测器（single shot multibox detector，SSD）模型和自然语言处理，研发搬迁（疑似）场地污染范围识别方法。

围绕区域场地污染敏感受体识别，基于卫星影像资料及 POI 数据和建设项目环评表等信息，运用自然语言处理和语义关联，构建第一类建设用地数据集，分别研发基于遥感影像和语义关联的敏感地块识别技术，建立多源异构数据融合、数据价值发现驱动区域场地污染敏感受体识别的基本路径。

围绕区域污染风险源分布格局分析，采用网络地图应用程序接口（application programming interface，API）和国家企业信用信息公示系统，利用 POI、工商企业、行业分类等多源数据，依据《国民经济行业分类》（GB/T 4754—2017），运用模糊匹配，对数据集进行行业特征提取，形成基于多源地理大数据融合的重点行业企业要素数据集，研发区域污染风险源分布格局分析方法。

在大数据支持的区域场地污染源-汇关系诊断技术路径方面，围绕区域场地土壤和地下水污染源-汇关系诊断，运用正定矩阵因子模型、双变量局部莫兰指数、自组织特征映射神经网络，对土壤中 8 种元素（Cd、Hg、As、Pb、Cr、Cu、Zn、Ni）进行污染来源及贡献率解析，对因子贡献率与企业密度进行空间相关性验证，根据神经元形成的特征图像比对指标间关联性，进而建立区域场地地下水污染源-汇关系诊断的基本路径。

围绕区域土壤污染与污染源空间关联分析，运用双变量局部莫兰指数，结合核密度法和径向基函数等统计学方法，建立土壤重金属污染与重点行业企业空间相关性分析方法。

围绕区域场地污染时空过程三维动态仿真模拟，考虑风向场、河流、地下水等因素的影响，建立基于 ArcGIS 的三维污染扩散模型，运行基于 GeoServer 发布网络地图服务（web map service，WMS），通过聚类分析区域企业空间分布，研发基于 Cesium 的场地污染扩散模拟方法，综合多因素扩散模型完成土壤污染扩散可视化，实现区域场地污染三维仿真模拟，进而建立数据价值发现驱动、精准管理驱动区域场地污染时空过程三维动态仿真模拟的基本路径。

在大数据支持的区域场地多介质污染预测技术路径方面，建立"污染源负荷-释放（迁移）可能性-受体特征"的场地污染风险评估模型，提高场地污染评估的系统性，主要体现在指标筛选、内部分级和方法验证三个方面，其中指标筛选运用蒙特卡罗抽样方法通过随机抽样上万次实现灵敏性指标的筛选，减少指标筛选的主观性，运用聚类分析法对指标内部进行分级，使评价结果更符合实际情况。

围绕区域场地污染风险预测，运用逻辑回归、决策树、梯度增强决策树、随机森林等机器学习算法，在构建通过训练集和测试集基础上，建立大数据支持的区域场地污染风险预测方法，实现污染物（指标）的精准风险预测，进而建立全样本数据分析、数据价值发现驱动区域场地污染风险预测的基本路径。

围绕区域场地污染风险快速筛查模型，筛选场地快速风险筛查属性，建立场地快速风险筛查指标体系，运用随机森林，构建场地污染风险快速筛查模型，并通过反复迭代训练优化参数，大大减少现有重点行业企业用地土壤污染状况调查中指标数量，进一步消除变量冗余问题，提高计算效率与精度，减少变量获取难度。

在大数据支持的区域场地污染风险管控技术路径方面，围绕区域场地污染风险管控模式及效果评估智能决策，运用决策树，基于自然地理和经济社会等方面多源数据，分场景推荐区域场地污染风险管控模式，识别相应的驱动与阻碍因素，并预测实施效果等级。

围绕区域重点行业企业空间布局调控，运用 BP 神经网络和遗传算法，构建 GA-BP-DRASTIC 模型，开展地下水脆弱性分析；运用熵权法，建立基于多源异构数据的土地适宜性评价指标体系，实施土地适宜性分析；在此基础上，结合土壤污染现状和水源地等保护区空间分布情况，进行现有企业空间布局优化调整。

围绕中长期场地污染风险分类分级与风险管控，运用 BP 神经网络和随机森林，分别构建土壤和地下水风险分类指标体系、土壤和地下水风险分级指标体系，识别场地污染风险情况，并结合风险水平（无风险、低风险、中风险和高风险）、企业类型（在产、关闭搬迁）和修复条件（具备修复条件、不具备修复条件）等，分场景提出差异化的风险管控措施。

围绕重点行业场地污染风险管控技术路线与策略，分析典型生产工艺和产排污特点，识别特征污染物，判定场地污染风险类别和等级，其次依据风险等级情况，借助重点行业场地污染风险管控技术推选系统，筛选场地污染风险管控模式，最后提出有针对性的风险管控策略。

2.4 小 结

1）提出了大数据支持场地污染识别与风险管控的总体技术策略。总体技术策略包括优先建立场地污染风险管控大数据集、知识库及推理规则，建立场地污染风险管控方案决策方法及推理机制，建立区域尺度场地污染风险管控大数据支持模式，针对重点监管行业分类构建场地污染风险管控技术路线，研制场地污染风险管控全景式决策支持模型，建立基于长时间序列大数据分析构建场地污染中长期风险管控路线。

2）提出了大数据支持场地污染识别与风险管控的技术路径。从区域和地块两个尺度上提出了大数据切入场地污染识别与风险管控的技术路径，包括在区域尺度上，将大数据融入区域污染物输移转化关系构建、污染空间分布特征分析、污染源与敏感受体识别、污染介质与场地空间关系诊断、源–汇时空演化过程三维仿真模拟、污染风险分级分类预测、管控修复策略筛选、优先管控目录建立、重点行业场地风险管控、土地利用开发优化、管控修复效果评估等环节；在地块尺度上，将大数据融入场地污染识别与评估、风险分析、风险预测、管控修复技术和模式筛选、数据回顾分析、效果评估等环节。

第3章 场地污染大数据系统构建技术研究

3.1 非结构化数据处理方法

疑似场地污染数据中包含大量非结构化文档数据，以 pdf 和 JPG 格式数据为主，包括生态环境部门发布的官方文件和企业信用信息公示的文本数据，如

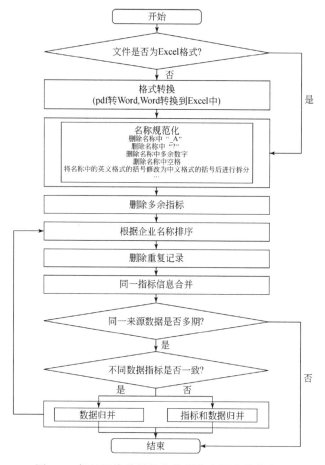

图 3-1　场地污染非结构化数据信息提取技术流程

《重点排污单位名录管理规定（试行）》（环办监测〔2017〕86 号）中规定的重点排污单位名录等信息、《工矿用地土壤环境管理办法（试行）》（生态环境部令第 3 号，2018 年）中土壤环境重点监管企业信息等。本研究中，遵循以下流程实现对于非结构化文本数据的提取入库（图3-1）。

1）通过非结构化文档提取技术将所有原始文件转换成 Excel 格式。

2）将数据表格中的名称规范化处理，删除冗余字符并将名称中的英文格式的括号修改为中文格式的括号后进行拆分。

3）删除表格中多余指标和重复记录，并对同一指标信息进行合并处理。

4）判断同一来源数据是否多期、不同期数据指标是否一致，完成文档资料的最终提取工作。

3.2　场地污染大数据存储与共享技术

3.2.1　场地土壤和地下水污染多源数据库建库相关技术

（1）关系型数据库构建技术与方法

关系型数据库主要研究 MySQL 和 PostgreSQL。其中，MySQL 是一种开源的关系型数据库，其最大的特点是体积小，伴随的优势是搭建方便、使用灵活、搭建成本低，可以独立作为服务器支持中小型系统运行，也可以嵌入其他大型配置（mass-deployed）软件中。在空间支持方面，MySQL 在遵从开放式地理信息系统协会（Open GIS Consortium，OGC）标准前提下，实施空间扩展，只提供简单的空间查询方法。PostgreSQL 是一种开源的对象–关系数据库，提供丰富的空间操作函数，已基本实现 OGC 标准定义的空间操作函数，性能优越。由于 PostgreSQL 对空间的支持依赖 PostGIS 插件，开发者可以利用 PostGIS 在数据库层面就能实现复杂的空间计算。但是，考虑到本研究所使用的大部分空间数据仅用简单的查询功能，不涉及复杂的空间计算。因此，选用 MySQL 数据库更为合适。

（2）非关系型数据库构建技术与方法

与关系型数据库不同，非关系型数据库允许创建不同类型的非结构化字段，目前主流的非关系型数据库包括 MongoDB、Redis、HBase 等，本研究选择 HBase 作为存储非结构化数据的数据库。考虑到非结构化数据中还可细分为半结构化和非结构化数据，两种数据仍存在着一定差异。基于此，本研究结合两种非关系型数据库特点，分别将两种数据存储于相应的数据库中。HDFS 是被设计成适合运行在通用硬件上的分布式文件系统，是一个具有高度容错性的系统，能提供高吞吐量的数据访问，非常适合大规模数据集的应用。此外，HDFS 放宽了一部分 POSIX 约束，来实现流式读取文件系统数据的目的。因此，本研究选择 HDFS 为存储半结构化数据的数据库。HBase 是一种非关系型数据库，不能像关系数据库管理系统（relational database management system，RDBMS）数据库那样支持结构化查询语言（structured query language，SQL）作为查询语言，但它是一个高可靠性、高性能、面向列、可伸缩的分布式存储系统，HBase 中所有的数据文件都存储在 Hadoop HDFS 文件系统上。因此，本研究选择 HBase 为存储非结构化数据的数据库。

3.2.2 场地土壤和地下水污染多源数据管理体系

考虑场地污染数据中有 80% 数据属于非结构化数据，20% 数据属于结构化数据，将场地污染数据按其类型分别存储在不同数据存储体系下，主要为 RDBMS，如 MySQL、PostgreSQL 以及非关系型数据管理系统，如 HBase 和 HDFS 等。

本研究将 POI 数据、水文数据、企业工商数据、建设用地环评数据、第一类建设用地数据、土地利用类型数据、土壤类型数据等结构化数据存储于 MySQL 中；将系统与网络日志、分析中间结果、互联网 HTML 数据、互联网舆情数据等 XML 或 JSON 格式的半结构化数据存储于 HBase 中；将疑似污染场地调查报告、遥感底图影像、影像标注文件，以及其他视频、图片、文档等非结构化数据存储于 HDFS 中（图 3-2）。

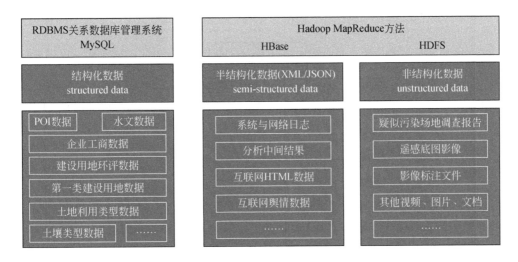

图 3-2　场地污染大数据管理体系设计框架

3.3　场地土壤和地下水污染大数据系统

3.3.1　场地土壤和地下水污染大数据系统构建方法

硬件基础设施为 ThinkSystem SR588 2U 机架式服务器，操作系统为 Ubuntu 18.04.6 LTS。在此基础上，搭建 Kubernetes 集群实现服务容器化及私有云搭建，Hadoop HDFS 集群实现分布式文件存储，Hive 集群、HBase 集群、ClickHouse 集群实现大数据存储与查询，Kafka 集群实现消息通信，ZooKeeper 集群实现分布式应用程序协调服务，Prometheus 与 Grafana 实现服务监控与可视化，Redis 集群实现服务缓存，PostgreSQL 及 MySQL 数据库实现关系型数据的存储，MongoDB 数据库实现非关系型数据的存储。基于 Spring 生态搭建系统微服务架构，编程语言主要基于 Java 与 Python。

3.3.2　场地污染大数据系统平台基础架构

（1）场地土壤和地下水污染大数据系统平台基础架构

场地污染大数据系统架构可以划分为三个维度和五个层次。三个维度为 IT

架构、数据架构和应用架构（图3-3）。

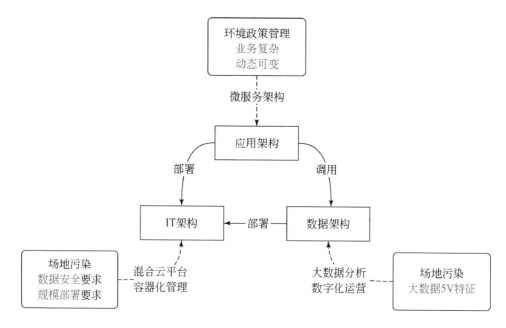

图 3-3 场地污染大数据系统架构的三个维度

IT 架构是指 IT 基础设施架构，针对场地污染数据安全性要求和规模部署的要求，形成以虚拟化容器为基础的、可规模弹性伸缩的混合云平台，作为场地污染大数据的 IT 架构；数据架构是指基于大数据的数据仓库，针对场地污染大数据 5V 特征，通过大数据分析和数字化运营，挖掘场地污染数据的内部特征，服务于场地污染大数据应用服务体系；应用架构是指微服务架构体系，针对环境政策管理业务复杂、动态可变特点，将集中化的服务拆分成高可用、高复用、高扩展、松耦合的微服务架构应用体系，以适应环境管理决策的快速迭代和高并发请求。

五个层次自下而上分别是基础设施层、大数据层、中间件层、微服务层和用户接口层（图3-4）。

基础设施层主要是物理服务器集群和云计算平台；大数据层包括关系型数据库（RDBMS）、非关系型数据库（NoSQL）、对象存储［运行支撑系统（operational support system，OSS）］、分布式文件数据库等，用于存储海量、异质的场地污染数据；中间件层包括消息队列、缓存服务、配置中心、任务调度等方面的中间件；微服务层包括服务注册发现、远程过程调用（remote

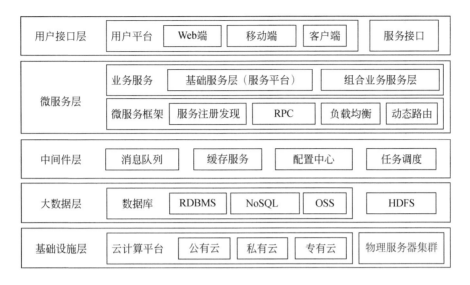

图 3-4　场地污染大数据系统架构的五个层次

procedure call，RPC）、负载均衡、动态路由等技术，并负责场地污染管理业务逻辑的实现；用户接口层主要是针对客户端的服务接口，服务于 Web 端、移动端、客户端等终端应用。

（2）系统构建技术选型

根据上述基础设施层、大数据层、中间件层、微服务层和用户接口层五个层次，针对自下而上的各个层次调研常用的具体构建技术（图 3-5）。在基础设施层，使用 Docker 做虚拟化容器，用 Kubernetes 做容器集群的部署与扩展。在大数据层，关系业务数据存储在 MySQL 中，矢量空间地理数据存储于 PostgreSQL（PostGIS）数据库中，非关系型数据存储于 HDFS 或 HBase 数据库中，大数据方案采用 Hadoop 技术，而全量搜索可用 ElasticSearch 技术（Divya and Goyal，2013）。在中间件层，消息队列可用 RabbitMQ、Kafka，缓存可用 Redis、Memcached，数据库连接池使用 Druid。在微服务层，主要运用 Dubbo 实现服务注册发现、RPC、负载均衡、动态路由等功能，系统具体业务使用 Spring Boot 开发。在用户接口层，主要运用 Spring MVC、NodeJS 等技术实现，前端可视化使用 Vue. js、ECHARTS、Highcharts 等框架实现，地图可视化可使用 ArcGIS API for JavaScript、mapbox 等技术实现。

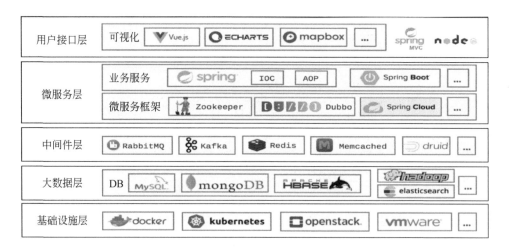

图 3-5　场地土壤和地下水污染大数据系统构建技术选型

（3）系统微服务架构设计

通过将场地污染大数据系统的五个层次进行进一步细化，明确系统的各服务组件组成与组件关系，设计了以服务管理为核心的场地污染大数据系统微服务架构（图 3-6）。

以来自客户端的数据流作为切入点，本架构设计主要包括 5 个方面。一是数据从客户端（Web 端、移动端等）请求服务端，通过 Nginx 负载均衡，将客户端请求分发给不同的微服务组件。二是地图展示相关的客户端请求通过 GeoServer 服务，GeoServer 服务通过其内部上传配置的图层预览、图层、数据存储为客户端提供地图服务。其中，数据存储地图数据，数据可以来自位于分布式文件数据库中 Shapefile、GeoJSON、TIFF 等地图文件，也可以来自 PostgreSQL/PostGIS 数据库中存储的矢量空间数据。通过数据配置相关地图图层（Layers），并设置地图的可视化选项及提供的地图服务类型（Layer Preview），实现空间数据在客户端的展示。GeoServer 可以通过 Docker、Kubernetes 进行弹性规模化部署，以应对高并发的客户端请求。三是业务相关的客户端请求通过过滤器层，阻拦非法、无效、恶意请求等，减轻服务端负载压力；请求进入认证、授权层，只有认证通过且具有特定访问权限的请求可以访问微服务接口。四是微服务通过三层架构设计（控制器层、服务层、数据访问层），采用 Spring Boot 技术实现，微服务的注册与发现、负载均衡、服务熔断等通过 Dubbo 技术实现。每个微服务均可以通过 Docker、Kubernetes 进行弹

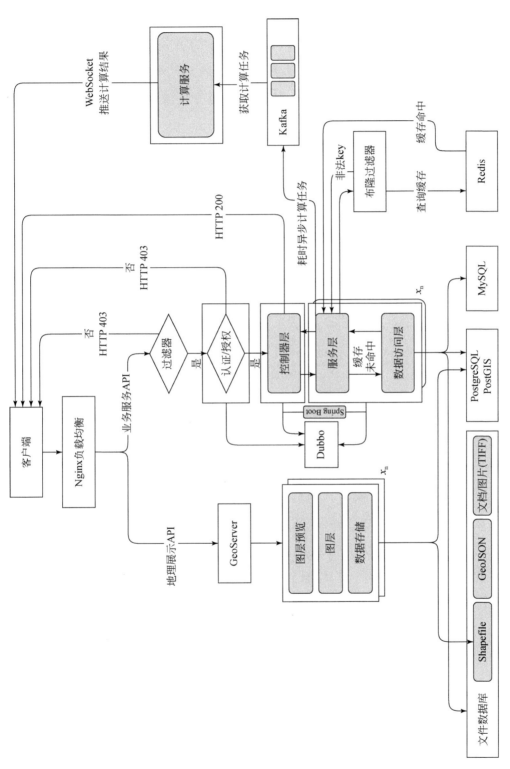

图3-6 场地污染大数据系统微服务架构设计

性规模化部署，以应对高并发的客户端请求。五是通过设计缓存、消息队列等中间件，实现服务器性能的提升和响应速度的提高。通过设置布隆过滤器防止缓存穿透，请求先通过缓存查询，以减轻数据库的负载并发压力。微服务层中较为耗时的计算任务，如模型计算、规模数据分析等，通过消息队列和计算引擎服务配合实现，并利用 WebSocket 技术实现服务计算结果的推送。

3.3.3 场地土壤和地下水污染大数据系统功能实现

（1）多源融合数据调用

融合数据集是基于场地污染多源数据融合的数据集，包括工业企业要素融合数据集、第一类建设用地融合数据集及基于自然语言处理的疑似污染企业分类分析的中间过程数据集（图 3-7）。

{"status":"1","info":"OK","infocode":"10000","count":"1","geocodes":[{"formatted_address":"北京市大兴区庞各庄","country":"中国","province":"北京市","citycode":"010","city":"北京市","district":"大兴区","township":[],"neighborhood":{"name":[],"type":[]},"building":{"name":[],"type":[]},"adcode":"110115","street":[],"number":[],"location":"116.323273,39.635331","level":"村庄"}]}

图 3-7　场地污染融合数据集属性查询接口返回信息

（2）疑似污染场地识别

基于不同年份遥感影像、POI、疑似污染地块、场地调查报告等数据的关联关系，应用多源数据融合模型，识别疑似污染场地。其中，POI 数据用于确定地块的性质和空间位置；疑似污染地块数据用于确认污染地块的位置；场地调查报告数据用于提取污染地块的背景地理范围。基于以上数据，建立污染地块的WGS84 坐标中心与缓冲区，构建有建筑物信息的历史遥感影像 1 与没有建筑物信息的历史遥感影像 2，相减得到疑似污染地块的大致边界和位置（图 3-8）。

（3）第一类建设用地风险预警

基于场地污染大数据构建第一类建设用地风险预警，具体的功能实现途径包括基于"POI 查询优化并发"微服务、语义关联微服务（图 3-9）。

从高德地图开放平台中获取第一类建设用地数据集，构建"科教文化服务–学校–中学""科教文化服务–学校–小学""科教文化服务–学校–幼儿园""商务住宅–住宅区–住宅区""医疗保健服务–场所"，放置于中间库中；在疑

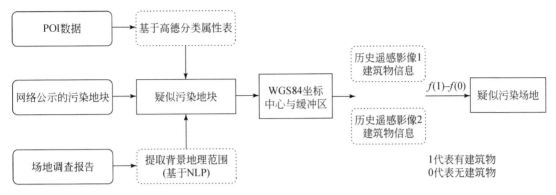

图 3-8　疑似污染场地范围识别

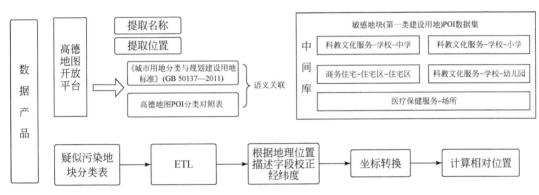

图 3-9　第一类建设用地风险预警功能实现路径

似污染场地数据中提取经纬度、地理位置描述字段等信息，使用 ETL 技术，根据地理位置描述字段校正经纬度，将 GCJ-02 坐标系转换为 WGS84 坐标系，从而计算其相对位置；若计算距离小于一定阈值，则作为重点关注对象，并进行风险预警（图 3-10）。

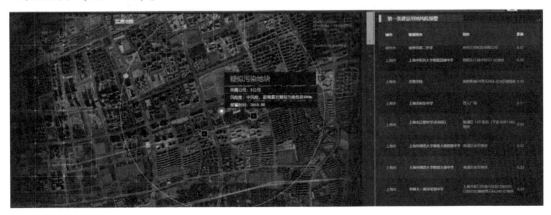

图 3-10　第一类建设用地风险预警

3.4 场地污染多源异构数据融合模型

3.4.1 场地多源异构数据融合方法

数据融合主要包含数据采集、计算识别、数据存储三部分。其中数据采集使用 Scrapy 编写分布式数据采集引擎，并搭建 Kafka 集群作为消息中间件；计算识别任务采用流/批一体的 Flink 框架编写，以应对不同时间粒度的数据采集融合需求，并在源–汇识别中采用 Levenshtein 模糊匹配实现不同来源场地数据的相似度计算；数据存储基于 3.2.1 节所述的"场地土壤和地下水污染多源数据库"，实现多源异构数据融合、识别后的数据存储。

3.4.2 基于模糊匹配的场地源–汇识别

基于网络地图应用程序接口、全国工商企业信用公示系统、工业企业统计报表等多源异构数据源，利用构建分布式数据采集引擎，采集并解析 JSON、HTML 文档、XML 文档等半结构化数据、报表等结构化数据及场调报告等非结构化数据；利用批处理/实时计算服务，基于自然语言处理，经过去冗、消歧、归一化等，形成基于多源异构数据与模糊匹配的重点行业企业识别构建流程，构建示范区疑似污染场地数据集和示范区敏感地块数据集，查明示范区疑似污染场地和示范区敏感地块的空间分布规律（图 3-11 和图 3-12）。

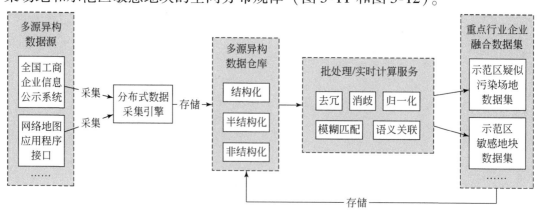

图 3-11 基于多源异构数据的场地源–汇识别流程

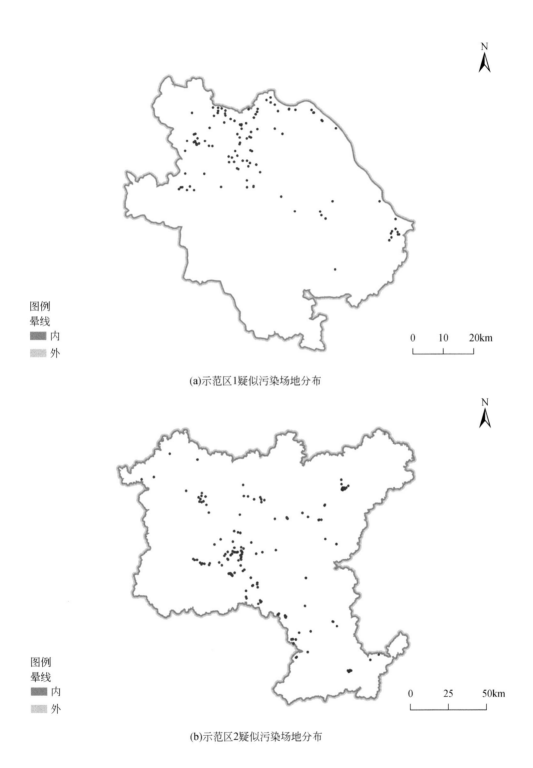

图例
晕线
■ 内
■ 外

0   10   20km

(a)示范区1疑似污染场地分布

图例
晕线
■ 内
■ 外

0   25   50km

(b)示范区2疑似污染场地分布

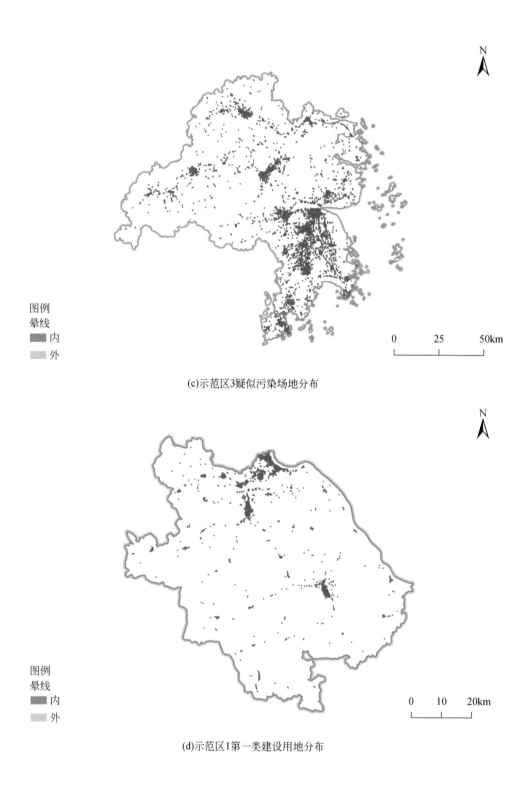

(c)示范区3疑似污染场地分布

(d)示范区1第一类建设用地分布

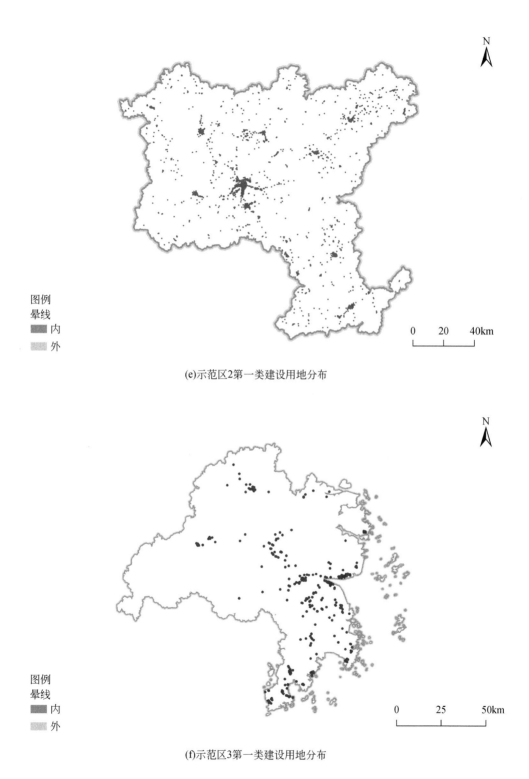

(e)示范区2第一类建设用地分布

(f)示范区3第一类建设用地分布

图 3-12 示范区疑似污染场地和敏感地块的空间分布

3.4.3 基于深度学习的场地源–汇识别结果验证

（1）基于深度学习的场地污染源–汇识别结果遥感验证

为实现污染场地（源）和敏感受体（汇）识别结果的遥感验证，基于深度学习对遥感影像中场地"源–汇"进行自动识别。借助四个不同时期的高分一号（GF-1）遥感影像，构建疑似污染场地和敏感受体（主要是学校操场）遥感训练集，提取对象包括以企业工厂为主要特征的疑似污染场地和以学校操场为特征的敏感受体，提取任务可视作多分类遥感影像语义分割监督学习任务。采用 UNet++ 作为遥感影像场地识别的深度学习模型（图 3-13），在基础模型上增加多尺度特征融合的双通道注意力机制模块以提高提取精度，采用加权的 Dice loss（骰子损失）+IoU loss（交并比损失）作为损失函数以在不平衡的训练样本分布条件下取得较好的语义分割结果。经过训练后，将深度学习模型应用在 GF-1 遥感影像上验证场地源–汇识别结果（图 3-14）。结果表明，该模型提取疑似污染场地的精度分别为 $OA = 83.35\%$、$F1\text{-}score = 0.7720$、$IoU = 0.7501$；提取敏感受体（即学校操场）的精度分别为 $OA = 80.62\%$、$F1\text{-}score = 0.7449$、$IoU = 0.7206$。其中 OA 指正确率（overall accuracy），$F1\text{-}score$ 指 $F1$ 分数（一种评价指数），IoU 指交并比（intersection over union，一种评价指标）。

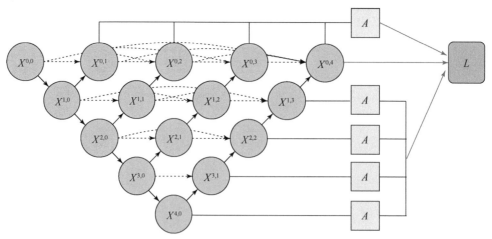

图 3-13　UNet++深度学习模型结构

X 是输入或特征图；A 是注意力机制；L 是损失函数

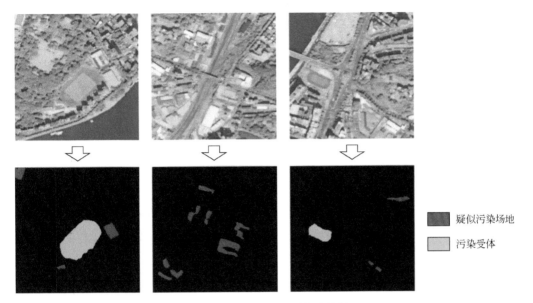

图 3-14　污染场地识别提取结果

图例：
■ 疑似污染场地
■ 污染受体

（2）某工业区退役电镀厂地物特征时空变化识别

对前期已通过大数据技术识别的某工业区退役电镀厂进行实地调研，同时使用无人机对该地块使用现状进行表征。从 2021 年地物现状可以看出，地块上目前已建成商业小区和综合体，部分区域未开发利用（图 3-15）。目前，该地块已完成风险评估和修复，对人体健康和生态污染风险较小。因此，基于深度学习的场地源–汇识别技术可为大数据监管平台提供重要的地块回顾与溯源信息。

图 3-15　某工业区退役电镀厂地块 2021 年地物现状

3.5　小　　结

1）提出了非结构化数据处理方法。针对疑似污染场地数据，研发出非结构化数据处理方法和技术流程，将场地污染数据按其类型分别存储在不同数据存储体系下，主要为 RDBMS。

2）构建了场地土壤和地下水污染大数据系统。硬件基础设施为 ThinkSystem SR588 2U 机架式服务器，操作系统为 Ubuntu 18.04.6 LTS；大数据系统架构划分为三个维度和五个层次，其中三个维度分别是 IT 架构、数据架构和应用架构，五个层次自下而上分别是基础设施层、大数据层、中间件层、微服务层和用户接口层。

3）构建了场地污染多源异构数据融合模型。融合模型主要包含数据采集、计算识别、数据存储三部分。在此基础上，实现基于模糊匹配和深度学习的场地源–汇识别，相应的识别模型提取疑似污染场地的精度分别为 $OA = 83.35\%$、$F1\text{-}score = 0.7720$、$IoU = 0.7501$，提取敏感受体（即学校操场）的精度分别为 $OA = 80.62\%$、$F1\text{-}score = 0.7449$、$IoU = 0.7206$，为大数据监管平台提供重要的地块回顾与溯源信息。

第4章 | 场地污染智能识别技术研究

4.1 场地污染智能识别信息采集技术

4.1.1 场地污染智能识别指标体系

1. 国外指标体系概述

(1) 美国危害排序系统

1) 指标体系。美国于 1980 年颁布旨在控制有害物质释放污染的《综合环境反应、赔偿和责任法》，又称超级基金法。美国国家环境保护局将该法规定的"超级基金场地"的管理划分为两个阶段：①场地评估阶段，评估污染危害并决定是否列入国家优先管控场地清单；②场地修复阶段，确定污染范围并开展修复（图 4-1）。

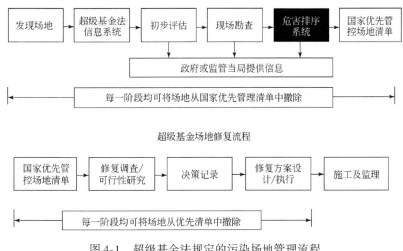

图 4-1 超级基金法规定的污染场地管理流程

在场地评估阶段中,危害排序系统是基于有限数据和信息的场地污染风险初步筛查工具,用于污染场地的初步评估,根据评估结果决定是否将场地列入国家优先管控场地清单(United States Environmental Protection Agency, 2010a, 2010b)。危害排序系统通过评价不同环境介质的污染危害实现对场地污染危害的综合评价,包括土壤、地下水、地表水和大气四种暴露途径,每种暴露途径由暴露可能性、有害废物特性和敏感受体三类评估因子组成(表 4-1)。针对土壤暴露途径,根据场地内常住人群、场地附近人群两类不同受体构建评价模块,两类模块在暴露可能性和敏感受体指标方面存在差异;针对地表水暴露途径,根据饮用水途径、食物链途径和敏感环境受体分为 3 类不同评价模块,并对有害废物特性、敏感受体指标进行针对性设计;针对大气和地下水暴露途径,直接分为三类评估因子,没有进一步划分评价模块。

表 4-1　危害排序系统指标体系

类型		暴露可能性	有害废物特性	敏感受体
土壤	场地内常住人群	场地污染区内存在常住人群	1)污染物毒性; 2)有害废物数量	1)场地内个人; 2)人口; 3)工人; 4)资源保护区; 5)敏感环境
	场地附近人群	场地污染区吸引力和可进入性		1)周边人群; 2)周边 1mi 内人群
地下水		1)确认排放; 2)排放可能性:控制措施、净雨量、距含水层深度、迁移时间	1)污染物毒性; 2)污染物迁移性; 3)有害废物数量	1)最近井水; 2)人口; 3)资源保护区; 4)水源保护区
地表水	饮用水途径	1)确认排放; 2)排放可能性:①径流排放可能性;②洪涝排放可能性	1)污染物毒性/持久性; 2)有害废物数量	1)最近饮用地; 2)人口; 3)资源保护区
	食物链途径		1)污染物毒性/持久性/生物富集性; 2)有害废物数量	1)单个食物链; 2)人口
	敏感环境受体		1)生态系统毒性/持久性/生物富集性; 2)有害废物数量	敏感环境

类型	暴露可能性	有害废物特性	敏感受体
大气	1）确认排放； 2）排放可能性：①气体排放可能性；②颗粒物排放可能性	1）污染物毒性/迁移性； 2）有害废物数量	1）最近个人； 2）人口； 3）资源保护区； 4）敏感环境

注：1mi＝1.609344km。

2）关键指标。在暴露可能性评估因子中，危害排序系统分为确认排放指标和排放可能性指标，其中确认排放指标指示场地内存在已经明确的受污染情况，而排放可能性指标指示场地的潜在危害，不同暴露途径通过不同的评估因子评估潜在危害；在有害废物特性评估因子中，评估指标包括污染物毒性、污染物迁移性、污染物持久性、生物富集性、生态系统毒性和有害废物数量等，但不同暴露途径根据暴露特征侧重点不同；在敏感受体评估因子中，主要评估场地人群、周边环境和生态系统三类受体。

3）分类分级方法。危害排序系统针对土壤、地下水、地表水和大气四种污染迁移途径，分别建立各个途径的评估方法。针对土壤暴露途径，综合场地内常住人群和场地附近人群两类目标途径得分；针对地表水暴露途径，综合饮用水、食物链和敏感环境三类目标途径得分；针对地下水和大气迁移途径，分别只考虑一类目标途径得分。

该系统对每个指标进行赋值，根据各关键因子间的相关性，采取相加和相乘结合的算法获得每类途径下暴露可能性、有毒废物特性和敏感受体得分，按照式（4-1）计算获得单个途径得分：

$$单个途径得分 = \sum \frac{暴露可能性得分 \times 有毒废物特性得分 \times 敏感受体得分}{评估因子}$$

$$(4-1)$$

最终，根据土壤、地下水、地表水和大气四种污染迁移途径的污染危害分值，采用均方根方法计算获得污染场地危害得分。美国国家环境保护局将场地危害分值高于28.5的场地列入国家优先管控场地清单。

（2）加拿大国家污染场地分类系统

1）指标体系。加拿大对污染场地实行10步管理流程，包括识别疑似污染场地、场地历史调查、初步采样测试、场地分类、详细采样测试、场地再分类、制定修复管理措施、实施修复管理措施、确认采样和最终报告及长期监测，每个阶段均发布了多个指导性文件（单艳红等，2009）。

1992 年，加拿大环境部长理事会（Canadian Council of Ministers of the Environment，CCME）建立和发布了加拿大国家污染场地分类系统。该系统在总结加拿大各省、地区和国际污染场地分类方法基础上研发建立，并于 2008 年修订后重新发布（Canadian Council of Ministers of the Environment，2008）。

2）关键指标。加拿大国家污染场地分类系统未针对每类环境介质建立指标体系，而是建立了由迁移可能性、污染物性质和暴露可能性 3 类指标体系组成的危害识别与分类系统，但兼顾考虑了场地内不同介质受污染的危害识别指标，如污染物性质指标考虑土壤、地下水、地表水和沉积物四种环境介质，迁移可能性考虑污染物经土壤暴露、沉积物迁移、地下水迁移、地表水迁移和大气迁移五种迁移途径，暴露可能性指标考虑了多种目标受体（表4-2）。

表 4-2　国家污染场地分类系统指标体系

迁移可能性	污染物性质	暴露可能性
1）地下水：①确定地下水有迁移；②地下水可能有迁移。 2）地表水：①确定地表水有迁移；②地表水可能有迁移。 3）土壤：①确定土壤受污染；②土壤可能受污染。 4）大气：①确定有气态污染物；②可能有气态污染物。 5）沉积物：①确定受污染；②可能受污染。 6）校正评估指标	1）受污染环境介质； 2）污染物危害性； 3）污染物超标因子； 4）污染物数量； 5）校正评估指标	1）人群受体：①确定受影响；②可能受影响。 2）人群受体校正评估指标。 3）生态受体：①确定生态受体暴露；②生态受体可能有暴露。 4）生态受体校正评估指标。 5）其他受体

该系统评估时兼顾了确定性指标和可能性指标。其中，在迁移可能性评估因子中，根据污染物含量、超标和超背景值情况等评估已确定的环境介质污染迁移情况，同时通过一系列评估因子评估不同环境介质中污染物迁移性可能，如地下水迁移途径考虑污染物迁移性、地下工程隔离设施、含水层上方隔水层厚度、隔水层导水率、降水入渗率和含水层导水率等；在暴露可能性评估因子中，评估污染对人体健康和生态系统已发生或可能发生的危害。同时，

加拿大国家污染场地分类系统中设计了校正评估指标，对各类评估因子进行修正，如迁移可能性评估因子通过判断是否存在地下管线进行修正，污染物性质评估因子通过污染物是否属于持久性污染物、是否损害场地设备设施和超标污染物种类进行修正。

3）分类分级方法。加拿大国家污染场地分类系统将场地危害鉴别指标总分值设为 100，其中污染物性质、迁移可能性和暴露可能性三类指标体系总分值为 33、33 和 34。对每项鉴别指标进行评分时，首先根据是否掌握评分所需场地支撑数据或信息，评定特定指标的确定性权重分值和可能性权重分值，当掌握的场地信息或数据足以支撑指标评分时，则计算该指标的确定性权重分值；当掌握的场地信息或数据无法支撑指标评分时，则计算该指标的可能性权重分值。

根据对污染物性质、迁移可能性和暴露可能性三类指标体系评定的总分值及各指标体系分配危害分值（33、33 和 34），计算三类指标体系的危害分值。对三类指标体系危害分值采用加和方法得到场地污染的危害分值。根据场地污染危害分值将场地分为五类，场地分类情况及说明见表 4-3。

表 4-3　污染场地分类情况

场地类型	分类名称	分类说明
1 类	高优先级行动场地 （场地分值高于 70）	此类场地需要及时采取行动（如场地调查、风险管控、修复等），以解决现有的问题
2 类	中优先级行动场地 （场地分值 50 ~ 69.9）	尽管场地污染对人类健康和环境的危害并不紧急，但可能产生负面影响，可能需要采取行动措施
3 类	低优先级行动场地 （场地分值在 37 ~ 49.9）	此类场地不是高优先性关注场地，可能需要开展进一步调查以确定该场地的分类
N 类	非优先级行动场地 （场地分值低于 37）	此类场地不存在显著威胁，但有新的信息表明场地污染应予关注时，应对场地信息进行重新审查
INS 类	信息不足 （超过 15% 的评估指标信息"未知"）	可用于场地危害评估和类型划分的信息尚不充分，需要额外获取场地信息保证数据需求

（3）新西兰污染场地风险筛查系统

1）指标体系。新西兰环境部陆续制定和发布了污染场地环境管理相关系列技术文件，包括《新西兰污染场地的报告》（2003 年）、《新西兰环境指导值的分级及应用》（2007 年）、《风险排查系统》（2006 年）、《（场地）分类和信息管理方法》（2004 年）和《场地调查和土壤的分析测试》（2004 年）（Ministry for the Environment New Zealand，2004）等。

1993 年，新西兰环境部建立了污染场地快速危害评估系统。2006 年，根据应用实践经验对快速危害评估系统进行了简化设计，修订发布的污染场地风险筛查系统并非旨在完全替代原有系统。

2）关键指标。污染场地风险筛查系统根据危害性、迁移途径和受体三要素对场地进行初步风险筛查。当上述三要素同时存在时，表明场地具有一定水平的危害风险；当上述三要素中缺乏或基本缺乏某一要素时，表明无风险或风险可忽略。污染场地风险筛查系统中指标相对简单，共计 12 项指标（表4-4）。其中，危害性相关指标 3 项，迁移途径相关指标 7 项，受体相关指标 2 项。

表4-4　污染场地风险筛查系统危害鉴别指标体系

危害性	迁移途径	受体
1）污染物毒性； 2）污染范围和数量； 3）污染物移动性	1）人工隔离设施情况； 2）污染物随地表水直接扩散、随沉积物或洪水扩散情况； 3）含水层上方隔离保护层情况； 4）受污染含水层至取水点距离与含水层类型； 5）直接接触受污染含水层暴露可能性；地下受污染含水层埋深； 6）皮肤接触受污染含水层可能性；地表覆盖情况； 7）土壤渗透性	1）水体（地下水或地表水）利用方式； 2）土地利用方式

3）分类分级方法。污染场地风险筛查系统基于风险评估理念构建污染场地的危害鉴别评分方法，即"风险"是"危害性""迁移途径""受体"指标的乘积。该系统建立的指标体系中每一指标的赋分均介于 0 ~ 1，危害性、迁移途径和受体指标体系分值为每类指标体系中指标评分值的乘积，污染场地危害分值为三类指标体系危害分值的乘积。

根据该系统评价得到场地污染危害分值，将场地划分为 3 类：第 1 类高风险场地，场地危害分值介于 0.4 ~ 1；第 2 类中风险场地，场地危害分值介于 0.02 ~ 0.4；第 3 类低风险场地，场地危害分值介于 0 ~ 0.02。

各国通过构建污染场地分级系统识别污染和风险等级，其根本原因是污染场地种类多、数量大，并且污染场地的修复治理费用高昂。以污染场地危害评估为基础构建国家污染场地分级管理体系，可以避免或减少污染场地对人体健康和环境安全造成的实际或潜在威胁。本研究中，基于上述三个国家污染场地分级机制，分别从 5 个方面分析比较了其不同点（表 4-5）。

表 4-5   美国、加拿大、新西兰地块分级机制不同点比较

国家	评估因子	分级方式	计算方法	整体结构	资料要求
美国	多而全面	将迁移途径与污染物、污染受体结合起来考虑	相加、相乘及均方根，有专门的评分软件支持	庞大而复杂	质量及精度要求高
加拿大	多而全面	将迁移途径与污染物、污染受体分开考虑	相加	次于美国	次于美国
新西兰	简单	将迁移途径与污染物、污染受体分开考虑	相乘	简单	简单

总体来说，美国的场地分级机制最为严谨而复杂，加拿大的场地分级机制次之，新西兰的场地分级机制相对简单。美国的场地分级机制不仅考虑了较为全面的场地分级评估因子，也考虑了各场地分级评估因子间的相互联系，同时还为方便评分操作设计了专门的评分软件。加拿大的场地分级机制虽然有较为全面的场地分级评估因子，但没有考虑各场地分级评估因子之间的相互影响关系，仅将各场地分级评估因子分值简化为相加处理。新西兰的分级机制也比较简单，它的标准模式不适用不同地块的细化分级，只有特殊模式才可对相似地块进行细致划分。

尽管这些国家的场地分级机制存在差异，但作为对污染场地危害评估分级方法，存在的共性特征是：①污染场地分级机制是一个初步筛选工具，不是用来进行定性或定量风险评估，而是为进一步的行动提供依据，如果要采取场地修复行动则需要进行进一步风险评估。②尽管各分级机制的场地分级评估因子的确定存在差异，但都基于污染物的产生、扩散、迁移及其影响，即污染物（源）、污染迁移、污染受体。③将场地分级评估因子赋予具有风险意义的分值，然后通过各因子分值的综合（通过相加或相乘）得出场地的总分值，这种风险数值化的评价方法简化了整个评价过程。④评估后的分级应基于管理需求进行，需结合各自实际情况确定分类和针对措施。⑤分级机制是基于客观事

实、经验而对环境风险进行的主观判断过程，是一个定性与定量、主观与客观相结合的体系，面临避免主观因素并保证分级结果客观性的问题。

2. 国内相关指标体系

（1）国内已有研究成果

我国污染场地环境管理工作起步较晚，但生态环境部门直属单位根据现有工作基础，在污染场地危害评估及分级方面进行了大量研究工作。生态环境部南京环境科学研究所最早建立了场地土壤和地下水污染危害鉴别指标体系与评价方法。同时，研究团队基于互联网技术于 2011 年首次开创性设计研发形成污染场地危害鉴别与排序系统，已为重点行业企业用地土壤污染状况调查中信息管理系统和手持终端系统研发提供了技术支持。中国环境科学研究院研究制定了危险废物填埋场地下水污染风险分级体系。生态环境部固体废物与化学品管理技术中心建立了全国铬渣堆场地下水潜在危害性评估及分级方法。北京市生态环境保护科学研究院建立了持久性有机污染场地危害评估方法。

（2）重点行业企业用地土壤污染状况调查地块风险筛查与风险分级

生态环境部印发实施了《在产企业地块风险筛查与风险分级技术规定（试行）》和《关闭搬迁企业地块风险筛查与风险分级技术规定（试行）》。根据两项技术规定，地块风险筛查与风险分级工作分为风险筛查、风险分级与优先管控名录建立三个阶段。其中，风险筛查阶段——收集地块相关信息，采用风险筛查指标体系和评估方法，评估地块的相对风险水平，确定地块关注度；风险分级阶段——对依据地块初步采样调查结果与地块相关信息，采用风险分级指标体系和评估方法，评估地块相对风险水平，确定地块风险等级；优先管控名录建立阶段——综合考虑地块风险等级、社会关注度等因素，根据管理部门的需求建立地块优先管控名录。

3. 我国关键指标筛选分级

（1）关键指标

我国地块风险分级工作基本按照污染源、污染途径、污染受体风险三要素分为三级指标，其中一级指标包括土壤和地下水 2 项指标，二级指标包括企业环境风险管理水平（只针对在产企业）、地块污染特性、污染物迁移途径和污染受体 4 项指标，土壤和地下水的三级指标分别为 20 项指标和 17 项指标（表4-6）。此外，在污染受体评估中，在产企业增加了地块中职工的人数三级指标，关闭企业增加了地块土地利用方式、人群进入和接触地块的可能性两项三级指标。在指标选取上，尽量选择国外已应用的、可直接获取的客观指标，并尽可能优化选择简单指标项。

表4-6　重点行业企业用地土壤污染状况调查地块土壤与地下水风险分级指标体系

二级指标	三级指标	
	土壤	地下水
企业环境风险管理水平（只针对在产企业）	1）泄漏物环境风险； 2）废水环境风险； 3）废气环境风险； 4）固体废物环境风险； 5）企业环境违法行为次数	1）泄漏物环境风险； 2）废水环境风险； 3）固体废物环境风险； 4）企业环境违法行为次数
地块污染特性	1）土壤污染物超标总倍数； 2）重点区域面积； 3）土壤污染物对人体健康的危害效应； 4）土壤污染物中是否含持久性有机污染物	1）地下水污染物超标总倍数； 2）地下水污染物对人体健康的危害效应； 3）地下水污染物中是否含持久性有机污染物
污染物迁移途径	1）重点区域地表覆盖情况； 2）地下防渗措施； 3）包气带土壤渗透性； 4）土壤污染物挥发性； 5）土壤污染物迁移性； 6）年降水量	1）地下防渗措施； 2）地下水埋深； 3）包气带土壤渗透性； 4）饱和带土壤渗透性； 5）地下水污染物挥发性； 6）地下水污染物迁移性； 7）年降水量
污染受体	1）地块中职工的人数（只针对在产企业）； 2）地块周边 500m 内的人口数量； 3）重点区域离最近敏感目标的距离； 4）地块土地利用方式（只针对关闭企业）； 5）人群进入和接触地块的可能性（只针对关闭企业）	1）地下水及邻近区域地表水用途； 2）地块周边 500m 内的人口数量； 3）重点区域离最近饮用水井或地表水体的距离

（2）分类分级方法

考虑相乘方法易受极值影响，重点行业企业用地土壤污染状况调查工作选择相加方法计算土壤和地下水风险分值。根据收集的企业地块基础信息资料，分别对土壤和地下水的各项三级指标进行赋值。相应三级指标的分值之和即为二级指标得分；相应二级指标的分值之和即为一级指标（土壤和地下水）得分；土壤和地下水一级指标分值的均方根数值即为地块风险筛查的总得分。根据总得分划分地块风险等级，等级划分标准见表4-7。需要指出的是，地方生态环境部门可根据实际情况和管理需求调整地块关注度分级标准。

表4-7 重点行业企业用地调查地块风险分级标准

地块风险分级得分	地块风险等级
>70	高风险地块
40～70	中风险地块
<40	低风险地块

4.1.2 场地污染识别信息快速采集技术

（1）智能终端实时采集技术

现有场地污染调查数据以调查报告的文本类数据为主，主要通过资料收集、人员访谈和现场踏勘方式获取，存在效率低、规范性差等问题。根据场地污染调查和风险评估技术要求，需对场地及周边情况、涉及危废的设施/构筑物情况、场地利用类型及周边情况和场地污染特征等进行调查分析（图4-2）。

基于移动互联网、全球定位系统（global positioning system，GPS）的移动终端信息采集技术能够准确、高效地采集场地信息，与传统的纸质和人工记录采集信息方式相比自动化程度高，能够形成完备的电子档案。在场地特征指标获取的方法上，使用手持终端将预先设定的信息逐一录入，替代传统的采样记录单、人员访谈记录等方式，能够有效提高数据采集效率、记录规范性和准确性，便于形成结构化的场地调查数据集。近年来，场地调查信息化管理技术呈现快速发展趋势，我国在全国土壤污染状况详查工作中开始全

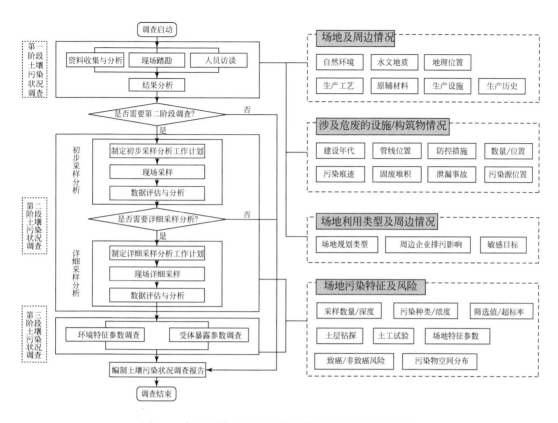

图 4-2　场地环境调查和风险评估过程需要获取的信息

面使用移动终端和信息管理平台采集、存储和管理调查数据。另外，部分省份的生态环境部门、大型企业等也相继设计与开发了场地调查和信息管理平台，用于支持关闭搬迁地块、化工园区和典型行业及周边土壤污染状况调查等工作，促进了我国土壤环境管理的信息化水平。

（2）智能在线监测采集技术

我国《生态环境大数据建设总体方案》《生态环境监测网络建设方案》《土壤污染防治行动计划》都对生态环境监测和土壤环境监测网络构建提出了明确要求。目前，在大气环境监测及预警方面取得的成果最为显著，已建立了覆盖全国的大气污染监测网络（李云婷等，2017）。在线监测或自动化监测技术在生态环境领域的大气污染、水质监测和预警方面已有广泛运用。为规范自动化监控设施的建设和运营，保证监控数据的真实性和可靠性，国家出台了一系列技术规范和标准，对自动化监控设施的安装、验收、数据传输及运行维护等环节提出了规范化的要求，如《水污染源在线监测系统（COD_{Cr}、$NH_3 \text{-} N$

等）安装技术规范》（HJ 353—2019）、《水污染源在线监测系统（COD$_{Cr}$、NH$_3$-N 等）验收技术规范》（HJ 354—2019）、《水污染源在线监测系统（COD$_{Cr}$、NH$_3$-N 等）运行技术规范》（HJ 355—2019）、《化学需氧量（COD$_{Cr}$）水质在线自动监测仪技术要求及检测方法》（HJ 377—2019）和《固定污染源废气非甲烷总烃连续监测系统技术要求及检测方法》（HJ 1013—2018）等，涉及 COD、NH$_3$-N 等水污染物以及 SO$_2$、NO$_2$ 等大气污染物。

与大气、水等环境监测网络相比，我国土壤环境监测仍处于试点和筹建阶段，亟须推进基础能力、技术支撑、信息化管理和制度创新等方面建设（王夏晖，2016）。近年来，针对受到广泛关注的挥发性有机化合物污染指标，生态环境部出台了《固定污染源废气非甲烷总烃连续监测系统技术要求及检测方法》（HJ 1013—2018）、《环境空气挥发性有机物气相色谱连续监测系统技术要求及检测方法》（HJ 1010—2018）等技术规范，对监测系统的构成、参数要求、技术性能指标及对应检测方法等进行了明确规定。在未来研究中，借助于大数据技术在信息采集、预处理、存储与管理的优势，重视 5G、物联网、全球定位等信息化技术在土壤环境监测网络中的作用，能够有助于实现土壤污染智能识别和综合决策。在"十三五"期间，我国已实现了基于移动终端、信息化平台代替传统的数据采集和处理方式，具备了高效、规范和准确地获取场地基本信息与土壤污染调查数据的技术能力。基于光离子、X 射线荧光光谱、污染传感等的场地污染快速检测技术也日趋成熟，为研发同步检测土壤中重金属和有机污染物的仪器设备及其系统奠定了基础（骆永明和滕应，2020）；并结合土壤污染遥测技术的研究和应用，能够提升土壤立体监测及快速掌握污染物在土壤中时空分布的能力（刘文清等，2018）。

（3）互联网数据智能分析

通过传统的手工方式收集整理场地相关公共数据时效率低和及时性差，不能满足大数据挖掘和分析需求。随着网络爬虫技术的发展，通过互联网直接爬取数据的技术已日趋成熟，极大地提高了数据获取的效率。网络爬虫是通过模拟人类与浏览器交互访问互联网的过程，并仿照复制、粘贴的方法采集网页中呈现出的内容，通过相应的程序解析出需要的文本、图片和视频等数据（图4-3）。目前，流行的爬虫工具包括基于 Java 语言的 Nutch、Heritrix，基于 Python 语言的 Scrapy、Crawley 和 PySpider，以及基于 Php 脚本语言的 Phpspider 和 Beanbun

等（马联帅，2015；李乔宇等，2018）。其中，Scrapy 框架是一个较为成熟的开源网络爬虫框架，继承了 Python 语言高效、简单的特点，已被广泛应用于大数据挖掘研究中。

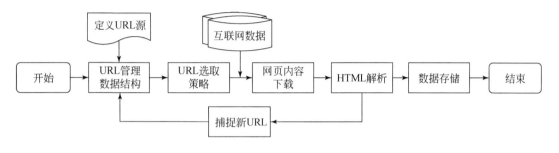

图 4-3　互联网爬虫框架工作流程

URL 指统一资源定位器（uniform resource locator）

自然语言处理是数据挖掘领域最重要、最具代表性的组成部分之一，在文本处理、机器翻译、问答舆情分析等中运用日益广泛和成熟（黄春梅和王松磊，2020）。自然语言处理的流程包括文本获取、语料预处理、特征化处理、模型训练和模型评估等过程（图 4-4）。文本语料在输送给语言模型前一般需进行分词、词性标注和命名实体识别等预处理，目前可使用的中文分词和文本预处理的开源的工具包括 jieba、ANSJ、THULAC、LTP 等（王颖洁等，2021）。传统的 NLP 模型主要基于规则和统计的框架，其中基于规则的方法通过采用正则表达式表示需要匹配的字符串，操作简单，灵活性好，但只适用于表达规范的文本，文本特征抽取效果高度依赖于制订的规则（杨晶，2018）。基于统计的方法包括隐马尔可夫、条件随机场等模型，通过建立语言模型对输入的语句样本进行单词的划分，并对划分结果进行概率计算，获得概率最大的预测结果（李枫林和柯佳，2019）。随着深度学习算法不断发展，深度神经网络模型由于具有强大的文本表征能力、学习能力等优点，近年来已成为 NLP 在各领域的研究热点（谷文静，2021）。

利用已有的多源异构数据，采用自然语言处理和机器学习方法，通过特征提取、数据类型转换等，获得对于场地污染识别有价值的数据，已成为场地环境大数据获取的重要途径（图 4-4）。例如，采用基于规则和基于统计的分词方法，从土壤调查报告、实地调查报告和相关手稿等文本数据中，已能有效提取土壤环境相关字段和信息，并转化为结构化数据（Wang et al.，2019）。再

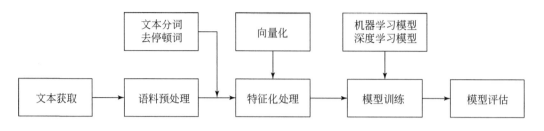

图 4-4 基于自然语言处理的数据挖掘流程

如，通过网络爬虫高效获取互联网公共数据，再结合自然语言处理抽取非结构化文本信息，已形成简单化、易操作的数据获取方法，能够为场地环境数据采集提供有效途径。

4.2 区域场地污染智能识别关键技术方法

4.2.1 污染智能识别分析方法分析

（1）场地污染识别常用的机器学习算法

机器学习是计算机基于数据构建概率统计模型并运用模型对数据进行预测与分析的学科，该技术方法使用数据挖掘、人工智能、模拟仿真、关联分析等现代技术手段，在解决复杂环境问题方面展示出明显优势（张润和王永滨，2016；何清等，2019）。根据学习任务，机器学习算法可分为回归算法、分类算法和聚类算法等（图 4-5）；根据学习方式或有无标签，可分为监督学习、非监督学习、半监督学习和增强学习，用于分类和回归任务的算法主要为监督学习（崔琴芳，2020）。机器学习作为重要的大数据挖掘方法，已被广泛运用于大气、海洋、矿山等环境污染预测、特征识别等（黄国鑫等，2020）。

（2）地块尺度场地污染识别研究

在地块尺度上的污染识别，现有研究多通过构建场地特征指标与污染含量之间的线性和非线性关系，并与三维建模等方法结合，对污染物含量及其空间分布进行预测。例如，基于重金属和多环芳烃复合污染场地的少量分析测试数据，运用多元统计方法分析两类土壤污染物之间的关联性，并利用已知数据建

图 4-5　机器学习算法分类

立 BP 神经网络模型，预测缺失土壤样本中重金属和多环芳烃含量；采用随机森林与普通克里金相结合的 RFOK 模型，通过建立污染物含量与环境要素数据、遥感数据等之间的非线性关系，预测了某大型砷渣场地土壤砷的空间分布（Liu et al., 2020）。此外，还有研究通过数学模拟、机器学习反演场地土壤和地下水的电阻成像、污染羽分布等理化性质，获取污染源在地块尺度上的空间分布及范围。通过 Sobel 算子提取场地电阻率数据的边缘特征，与深度卷积神经网络结合，反演污染场地的电阻率层析成像，能够显著提高场地污染面积、位置的识别精度（能昌信等，2019）。通过将 K 均值、模糊 C 均值和混合高斯模型 3 种聚类算法引入电阻成像监测系统，识别垃圾填埋场渗滤液的污染范围（王玉玲等，2019）。

上述研究主要利用机器学习的回归算法和聚类算法，对场地污染的源–汇关系进行挖掘，重视特征指标与污染类型、程度和范围之间的"因果关系"。然而，受限于场地样本数量、数据获取方法和途径，不同地区和行业类别的场地污染驱动因素与敏感指标存在很大差别，针对单一污染场地的污染识别研究结果，很难被运用到区域或者不同行业类别的场地污染特征识别。

（3）区域尺度场地污染识别研究

我国于 20 世纪 80 年代开始，相继开展了全国土壤背景值调查、土壤污染状况调查、多目标地球化学调查、农产品产地环境调查、农用地土壤污染状况详查、重点行业企业用地土壤污染状况调查等多次全国尺度的土壤环境调查。获取的数据既包含结构化数据，又有文本报告、照片、矢量和栅格图件等非结构化数据，具有数据海量、多源异构的特点，但分布在生态环境、自然资源、农业农村等多个政府部门（郭书海等，2017）。由于上述调查数据大多涉及机密信息，并且主要存储在局域网中，在学术研究中很难获取并用于场地污染识别和成因分析。为此，有研究者从工商登记网站、行业企业信息网站、文献检索数据库等中获取场地地理位置、企业规模、行业类别、生产年限、地块使用历史等基本信息，用于构建我国场地污染识别指标体系和方法。还有研究者从全国排污许可证管理信息平台和绿网环境数据库等中获取企业生产工艺、原辅材料和污染排放信息，作为潜在的敏感指标，用于区域尺度和不同行业的场地污染特征与成因驱动因素分析（郭长庆等，2022）。此外，谷歌和百度搜索引擎 API、OSM 电子地图等提供了数据共享方式，支持研究者和开发者通过网络爬虫方式获取 POI 数据，用于场地污染识别和数据挖掘。

4.2.2 场地污染智能识别分析流程

1. 数据的校验和清洗

数据质量是场地污染智能识别系统预测准确性的重要影响因素之一。信息采集终端和数据库关联获取的数据首先需要进行校验和清洗，删除或提示重新录入异常的数据和信息，并从获取的大量数据中选取有用的数据和信息，特别是用于场地土壤和地下水污染识别的特征指标。传统的直接保留、删除和人工填充等方法清洗数据，会造成数据错误率高或者严重丢失的问题。在录入数据过程中可能会产生以下两种不合格的数据。

1）缺失数据：由于缺少历史资料，受访人员无法提供或描述相关信息，地块信息采集过程中无法准确地记录，可能会导致数据的缺失和记录的不完整。常用的缺失数据补齐的算法包括 K 最近邻、多元回归等，通过构建相关的预测模型，补齐数据集中的缺失值，能够更有效地提高污染风险的预测效率和准确率。例如，当地块产排污情况无法获取时，根据完整的同类型企业地块产排污情况的样本来训练预测模型，并估算该地块缺失的数据。

2）异常数据：异常数据在数据集中通常被称为噪声、离群点、偏离点、异常点等，主要由于受访谈人员提供的信息不准确、数据单位错误、信息采集人员输入错误等因素产生。异常值并非毫无用处，目前识别异常值的基本思想为找出正常的置信概率，根据置信概率计算出置信区间。当数据集中时，在置信区间的元素记为正常，而超出置信区间的数据则记为异常。剔除异常值的方法有基于 K 最近邻、聚类异常值检测和回归分析等方法。

2. 数据预处理和特征工程

为让多源异构数据能够匹配数据挖掘模型，从数据源获取的数据首先需要进行预处理。根据数据类型，场地污染数据挖掘涉及连续型和类别型的结构化数据，以及文本、图像等非结构化数据。例如，不同类型企业的原辅材料、产排污数量等可能存在巨大差异。对于这些连续型特征，通过数据归一化、标准化，能够提高神经网络、支持向量机、逻辑回归等以梯度和矩阵为核心的算法的求解效率；能够避免特征取值范围对 K 最近邻、K 均值等距离类算法的影响，提高模型预测的精度。对于是否涉及危废、环境违法行为、行业类型和规模等类别型特征，除决策树、朴素贝叶斯之外的多数机器学习算法，均需要采用序号编码、独热编码、哑变量等方式转换成数值型数据才能实现与机器学习算法模型的匹配。

随着大数据技术获取的多源异构数据的增加，经过预处理的数据往往会因特征矩阵维度过大而限制模型上限和计算效率。特征提取和特征选择是数据挖掘过程中降低特征维度、提高模型效率的主要方法。其中，特征提取是指从原始的高维空间到低维空间的函数映射，从而在低维空间中提取新特征过程，通常包括主成分分析、独立成分分析、线性判别分析和随机梯度下降等降维方法。特征选择是指从原始的特征中选择对模型最有意义和贡献的特征子集，但并不产生新的特征过程，主要分为过滤法、封装法和嵌入法 3 类方法。其中，嵌入法通过随机森林等模型训练结果，获取特征指标权值系数及其特征贡献或重要性，适用于特征指标权值确定和优化。

3. 场地污染智能识别

近年来，人工神经网络、支持向量机和随机森林等在大数据分析与挖掘方面具有很高的热度（周永章等，2018）。这些算法的函数逼近、模式识别、回归计算等已被广泛应用于生态环境领域，如环境质量变化预警预报和综合评价等，并取得了较好的效果。朴素贝叶斯是基于概率论的分类算法，由于简单易用和高效的特性，在基于文本分类中得到了广泛应用（赵博文等，2020）。

（1）支持向量机

支持向量机是一类按监督学习方式对数据进行二元分类的广义线性分类器，其决策边界是对学习样本求解的最大边距超平面。支持向量机使用铰链损失函数计算经验风险并在求解系统中加入了正则化项以优化结构风险，是一个具有稀疏性和稳健性的分类。

支持向量机学习的基本思想是求解能够正确划分训练数据集并且几何间隔最大的分离超平面，$w \cdot x + b = 0$（图 4-6）。对于线性可分的数据集来说，超平面有无穷多个，但只有唯一的几何间隔最大的分离超平面。对于一些线性不可

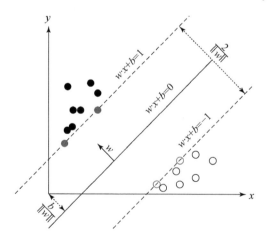

图 4-6　支持向量机线性分类决策边界

分、非线性可分的问题，即特征空间存在超曲面将正类和负类分开。使用非线性函数可以将非线性可分问题从原始的特征空间映射至更高维的希尔伯特空间（Hilbert space），从而转化为线性可分问题。低维空间映射到高维空间后具有更大的维度，从而提高模型计算量，在线性支持向量机学习的对偶问题里，目标函数和分类决策函数都只涉及实例与实例之间的内积，所以不需要显式地指定非线性变换，而是用核函数替换其中的内积。

支持向量机分类器通过核方法进行非线性分类，主要核函数包括线性核函数、多项式核函数、高斯核函数、Sigmoid 核函数（表4-8）。

表4-8 支持向量机中常见的核函数

核函数	解析式
线性核函数	$k(x_i, x_j) = x_i^{\mathrm{T}} x_j$
多项式核函数	$k(x_i, x_j) = (x_i^{\mathrm{T}} x_j)^d$
高斯核函数	$k(x_i, x_j) = \exp\left(-\dfrac{\|x_i - x_j\|}{2\delta^2}\right)$
Sigmoid 核函数	$k(X_1, X_2) = \tanh\left[a(X_1^{\mathrm{T}} X_2) - b\right], \quad a, b > 0$

注：x_i 为特征向量；d 为特征空间位数；a 为权重系数；b 为偏置项；$k(x_i, x_j)$ 为核函数。

（2）随机森林

随机森林是通过集成学习的自助投票（bagging）思想将多棵树集成的一种算法，基本单元就是决策树。首先，采用自助投票（bagging）方法随机有放回的选择训练数据；然后，构造分类器；最后，利用集成学习获得的模型增加识别准确性。随机森林能够处理具有高维特征的输入样本，而且不需要降维；能够评估各个特征在分类问题上的重要性；对于缺失值问题也能够获得很好的结果（图4-7）。

（3）K 最近邻

K 最近邻是分类预测最常用的算法之一，通过测量不同特征值之间的距离进行分类。在所有对象已经正确分类的条件下，根据预测样本在特征空间中的 k 个最相似（即特征空间中最近邻）的样本中相似程度，划分所属的类别。K 最近邻中 k 的取值对于预测结果具有重要影响。K 最近邻从选取一个较小的 k 值开始，不断增加，通过计算验证集合的方差，最终找到一个最合适的 k 值。常见的取值方法包括欧氏距离［式（4-2）］和曼哈顿距离［式（4-3）］两种方法。

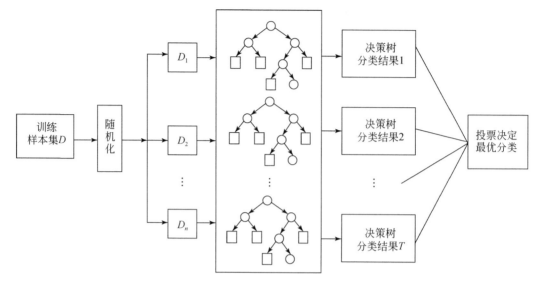

图 4-7　随机森林自助投票方法流程

K 最近邻的基本流程如图 4-8 所示，实现分类的原理如图 4-9 所示。

欧氏距离：
$$d(x,y) = \sqrt{\sum_{i=1}^{n} (x_i - y_i)^2} \tag{4-2}$$

曼哈顿距离：
$$d(x,y) = \sum_{i=1}^{n} |x_i - y_i| \tag{4-3}$$

图 4-8　K 最近邻的基本流程

（4）逻辑回归

二项逻辑回归是一种分类模型，由条件概率 $P(Y|X)$ 表示，随机变量 X 取值为实数，随机变量 Y 取值为 1 或者 0。逻辑回归中，条件概率的分布见式（4-4）和式（4-5）。

$$P(Y=1|x) = \frac{\exp(w \cdot x + b)}{1 + \exp(w \cdot x + b)} \tag{4-4}$$

$$P(Y=0|x) = \frac{1}{1 + \exp(w \cdot x + b)} \tag{4-5}$$

式中，权重 w 和偏重量 b 为待学习的参数。

记 $P(Y=1|x) = \pi(x)$，$\pi(x)$ 的取值范围为 [0，1]，$w \cdot x$ 的取值范围为

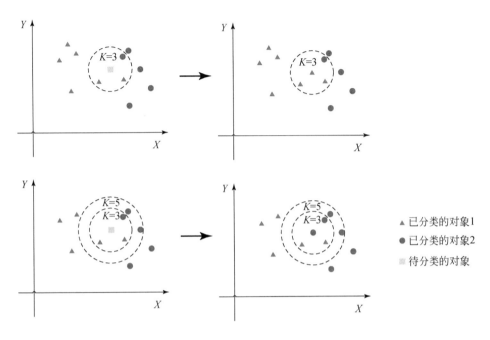

图 4-9 K 最近邻的对象分类

$(-\infty, \infty)$。可以通过 logit 函数将 $[0, 1]$ 的范围映射到 $(-\infty, \infty)$ [式 (4-6)]。

$$\text{logit}(\pi(x)) = \log\frac{\pi(x)}{1-\pi(x)} = w \cdot x + b \qquad (4\text{-}6)$$

当线性函数的值越接近正无穷大时，概率值 $\pi(x)$ 就越接近 1；当线性函数的值越接近负无穷大时，概率值 $\pi(x)$ 就接近 0。

（5）人工神经网络

人工神经网络是一个由大量简单的处理单元（神经元）广泛连接组成的人工网络（图 4-10），用来模拟大脑神经系统的结构和功能，是一种能够建立输入量与输出量之间全局性非线性映射关系的分析方法，能够从已知数据中自动归纳规则并获得数据的内在规律，主要应用于模式识别、人工智能等领域，并在环境评价和预测等方面的具体应用中表现出高于传统方法的精确率。

（6）卷积神经网络

卷积神经网络是一类包含卷积计算且具有深度结构的前馈神经网络深度学习的代表算法之一，其在语音识别、人脸识别、通用物体识别、运动分析、自然语言处理等方面得到越来越广泛的应用。

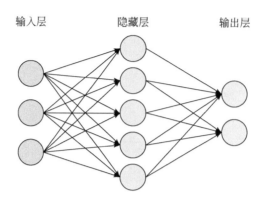

图 4-10　人工神经网络示意

卷积神经网络的基本结构为输入层、卷积层、下采样层、全连接层和输出层（图4-11）。其中，卷积层和下采样层主要对数据进行特征提取，采用梯度下降方法。用最小化损失函数调节各节点的参数，接着反向递推，不断优化参数，使损失函数值达到最小，从而提高卷积层和下采样层的特征提取能力，进一步提升卷积神经网络的分类效果。全连接层接收卷积层和下采样层提取到的特征。最后，通过输出层采用逻辑回归、Softmax 回归、支持向量机等方法进行模式分类，输出结果。

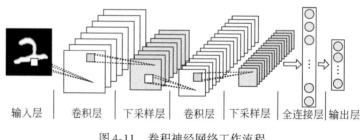

输入层　卷积层　下采样层　卷积层　下采样层　全连接层　输出层

图 4-11　卷积神经网络工作流程

4.3　场地污染智能识别应用系统开发

4.3.1　系统概述

根据场地污染智能识别信息管理系统建设的业务需求，开发建设场地土壤和地下水污染智能识别系统。该系统面向场地污染和风险识别与管理的需求开发，为场地风险管理提供可视化的数据管理和分析功能。该系统使用 Java 语言开发，界面使用 Vue. js 工具设计和制作，构建系统用户管理、系统维护查询、采样任务管理、项目数据采集、污染风险筛查和污染智能识别六个主要模块，支持 Windows、Baidos、macOS、Linux 等系统。

场地土壤和地下水污染智能识别系统采用面向对象的设计方法，采取面向服务的体系结构（service-oriented architecture，SOA），进行分层设计和组件式开发。根据各子系统的业务需求，将系统中的功能按照对象、功能、应用等层次分解为可以互操作和自我管理的组件，将子系统中相近的功能组织成模块，将模块中共用的处理封装成相应处理类。对于各功能的界面，根据输入输出要求，封装成不同的界面类，将不同的数据库表访问处理封装成相应的数据访问类。这样划分可以方便系统进行并行开发，并且在系统功能做变更情况下以最小的改动达到响应需求变更的要求，并且可以保护业主的知识产权。根据 SOA 思想，系统结合业务逻辑，将各个组件组合，通过精确的接口定义，以数据接口的形式对外提供服务，达到松耦合、易于维护、扩展性高的目的。

4. 3. 2　工作流程

场地土壤和地下水污染智能识别系统综合利用污染传感器、全球定位系统、移动互联网、物联网等信息化技术，实现场地污染快速检测数据的实时采集和传输功能。基于大数据的采集与预处理、存储、分析和可视化等技术原理，构建场地土壤和地下水污染智能识别方法。该方法体系主要有三个功能模块：地块信息收集、构建标准化数据库、数据挖掘分析（图 4-12 和图 4-13）。

4. 3. 3　机器学习平台

场地土壤和地下水污染智能识别系统基于多种机器学习算法，设计和开发用于场地污染风险识别的机器学习平台。平台支持用户根据数据特点进行模型训练数据筛选、数据预处理、特征工程、分类算法选择、模型评估和预测等。

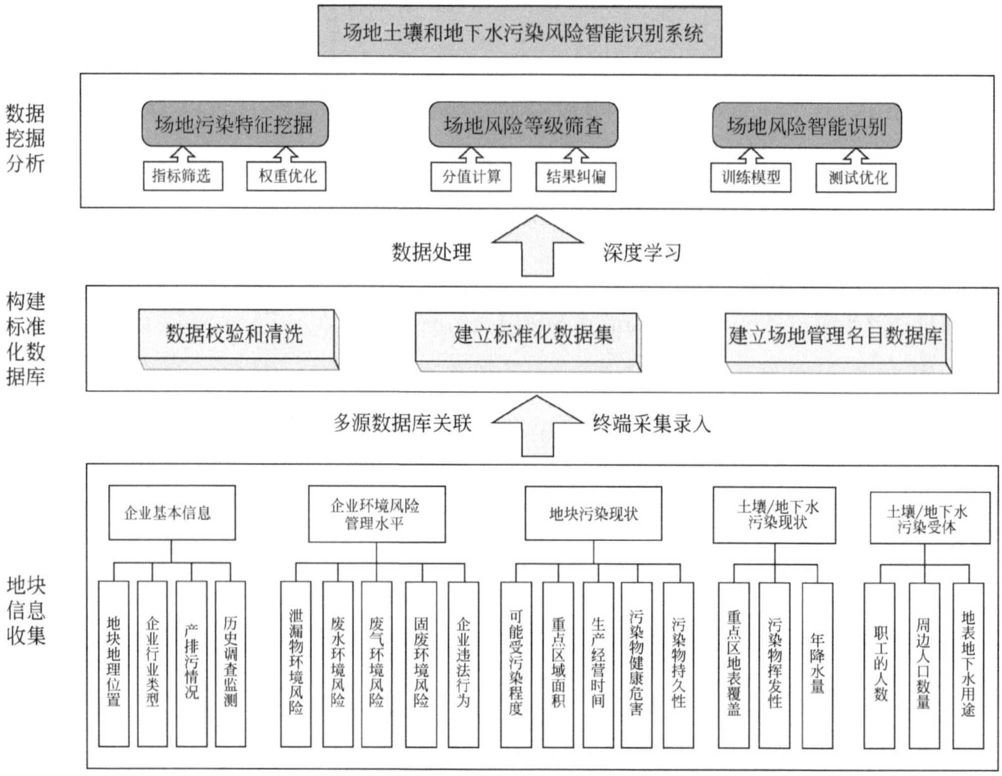

图 4-12　场地土壤和地下水污染智能识别系统模块构成

图 4-13　手持终端和系统信息界面

（1）训练数据筛选

训练数据来源于手持终端信息采集和系统信息填报获取的数据，用户可针对性地选择模型训练所使用的场地环境数据（图 4-14 和图 4-15）。随着调查数据的增加，数据库的扩充，平台用于训练模型可选的数据量也随之增加，从而使模型性能和预测准确率得到提升。

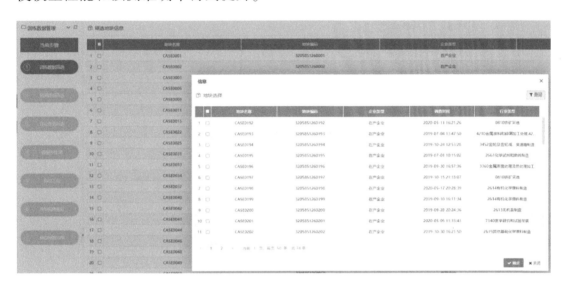

图 4-14　模型训练地块选择

图 4-15　模型训练特征管理

（2）数据预处理

为使场地数据能够符合分类算法使用需要，同时提高模型训练效率和性能，平台支持多种数据预处理方法，包括缺失值处理（删除和填补）、数据归一化、标准化、二值化、数值编码等。

（3）特征工程

针对机器学习的特征工程，平台包含方差过滤、卡方检验和主成分分析降维等特征选择方法，目的是评价特征在模型训练中的重要性，筛选出比较重要的特征指标，减少数据维度、提高模型性能等。

（4）分类算法选择

支持决策树、随机森林、支持向量机、神经网络、K 最近邻等多种主要分类算法模型构建（图 4-16）。用户根据数据特点，可分别尝试不同算法建立污染识别模型。

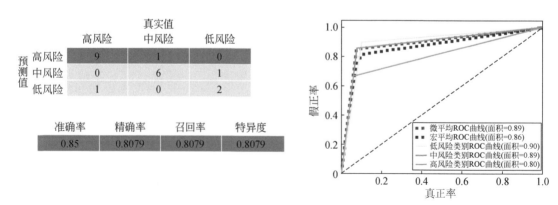

图 4-16　污染识别预测模型选择

（5）模型评估和预测

系统在模型选择和训练步骤完成后，会将所有构建的模型性能输出和展示。主要的模型评估指标包括准确率、精确率、召回率和 $F1$ 值，同时绘制ROC 曲线和混淆矩阵等。用户可通过模型评估性能选择是否相信预测地块风险识别结果可行，预测结果也会在每个地块列表最后一列输出和打印（图 4-17 和图 4-18）。

	真实值		
	高风险	中风险	低风险
预测值　高风险	9	1	0
中风险	0	6	1
低风险	1	0	2

准确率	精确率	召回率	特异度
0.85	0.8079	0.8079	0.8079

微平均ROC曲线(面积=0.89)
宏平均ROC曲线(面积=0.86)
低风险类别ROC曲线(面积=0.90)
中风险类别ROC曲线(面积=0.89)
高风险类别ROC曲线(面积=0.80)

图 4-17　污染识别模型评估

	成立时间(年代)	区内地下管道、管线、塘等有泄漏是否有污染情况	土壤性质	一般工业固体废物年产生量(t)	重点污染源(m²)	地块占地面积(m²)	企业是否开展过清洁生产审核	地块内污染源毒性危害等级	是否有废气治理设施	危险废物年产生量(t)	地块土壤是否存在下渗情况	年降水量(mm)	企业规模	地块工业利用年限(年数)	地块内污染源中重金属残渣数量	重点区域硬化地坪是否存在渗透或破损	地下水埋深(m)	预测风险等级
1	0.39	0	18.0	-0.18	-0.45	-0.48	0.0	-0.33	1.0	-0.34	7.0	0.44	2.0	0.1	0.0	0.0	-0.53	低风险
2	-4.35	0	7.0	-0.18	1.6	1.29	1.0	-0.57	1.0	1.79	7.0	-0.95	1.0	5.11	0.0	1.0	-0.27	高风险
3	-0.01	0	21.0	6.12	-0.05	-0.26	0.0	-0.55	1.0	-0.34	1.0	-0.45	0.0	1.38	0.0	1.0	-0.4	低风险
4	0.28	0	16.0	7.59	1.34	1.29	1.0	-0.33	1.0	-0.34	1.0	-0.72	1.0	0.44	0.0	1.0	-0.27	低风险
5	-0.07	0	14.0	-0.18	-0.51	-0.48	1.0	1.84	1.0	-0.34	7.0	-0.45	2.0	2.49	0.0	1.0	-0.4	低风险

图 4-18 污染识别模型预测结果

4.3.4 可视化分析

场地污染智能识别系统具有"一张图"展示功能,可以展示系统中获取的全部地块位置,并且统计采集的地块信息中所有高、中、低风险的地块数量(图 4-19)。根据地块的主要污染信息,用户可通过关注的属性查看相关的地块名称和信息。同时,利用随机森林特征选择方法,能够获取和展示特征指标对地块风险等级的影响程度与重要性。

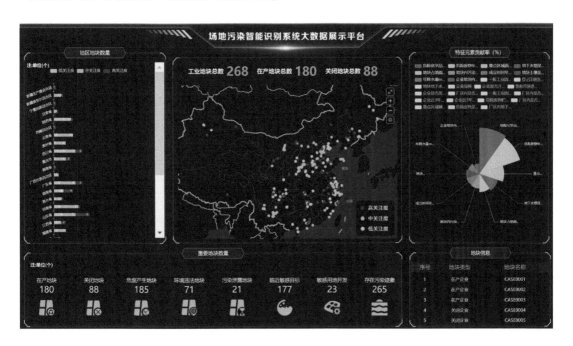

图 4-19 平台"一张图"展示界面

4.4 区域疑似污染场地行业类别智能研判方法

4.4.1 材料与方法

1. 基础数据及数据预处理

（1）基础数据

国民经济行业分类数据（1700 条）包括小类行业名称、中类行业名称和分类说明。污染企业数据（62 万条）包括企业名称、行业类别和经营范围。POI 数据（9900 条）包括企业名称和经纬度坐标。疑似土壤污染行业数据（38 条）包括中类行业名称和特征污染物。日常监管数据（221 条）包括企业名称和经纬度坐标。

（2）数据预处理

剔除标点符号、英文字母、数字等词汇；通过 pynlpir 辅助函数进行降噪；进行唯一性检查、去重、人工补缺和精度归一化处理；利用自行设计的自关联表（表4-9）对小类行业名称以及其分类说明向上聚合至所属中类。

表4-9 自关联表样

当前类别 id	类别名称	分类说明	父亲类别 P_id
193	毛皮鞣制及制品加工	—	—
1931	毛皮鞣制加工	指带毛动物生皮经鞣制等化学和物理方法处理后，保持其绒毛形态及特点的毛皮（又称裘皮）的生产活动	193

注：P_id 标识当前类别所属上级行业类别 id 编号；毛皮鞣制加工为小类名称，毛皮鞣制及制品加工为中类名称。

2. 大数据技术架构

基于大数据存储和处理的需要，基于 CentOS7.4 集群，运用分布式技术，搭建大数据平台架构，主要由数据资源汇聚层、数据处理存储层、分析计算层、前端展示层和数据访问层 5 个功能层组成，能够满足行业分类预测、污染企业识别、ArcGIS 平台与大数据平台交互、可视化展示等需求（图4-20）。

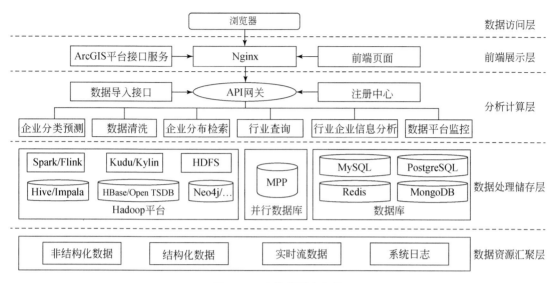

图 4-20　大数据平台架构

3. 基于改进型朴素贝叶斯的行业类型智能研判方法

（1）特征工程处理

针对国民经济行业分类数据、污染企业数据和 POI 数据，首先，采用隐马尔可夫模型（Nasfi et al.，2020；Arpaia et al.，2020）、Viterbi 算法和 jieba 分词引擎进行中文分词，并采用 cut 函数提取和剔除地名、"公司""有限""有限责任"等对行业类别预测无意义的词汇组成无语义词汇库，剩余的词汇组成有语义词汇库；然后，采用词频–逆文本频率（黄春梅和王松磊，2020；王方伟等，2020）统计各个样本中位于有语义词汇库内词汇词频，其中下频率值调整为 0.15、上频率值调整为 0.90；接着，人工过滤并剔除出现次数多且对行业类别预测无意义的词汇，并将其增补进无语义词汇库，同时剩余的词汇作为特征词组成最终的有语义词汇库；最后，采用词频–逆文本频率重新统计各个样本中特征词词频 ［式（4-7）~式（4-9）］。

特征词正向词频（$\mathrm{tf}_{i,j}$）计算见式（4-7）。

$$\mathrm{tf}_{i,j} = \frac{n_{i,j}}{\sum_k n_{i,j}} \tag{4-7}$$

式中，$\mathrm{tf}_{i,j}$ 为第 i 个特征词在第 j 个污染企业名称中的词频；$n_{i,j}$ 为第 i 个特征词

在第 j 个污染企业名称中的出现次数；$\sum\limits_{k} n_{i,j}$ 为第 j 个污染企业名称中全部 k 个特征词出现次数的总和。

特征词逆向文本频率（idf_j）计算见式（4-8）。

$$idf_j = \lg \frac{|D|}{|\{j:w_i \in d_j\}|} \tag{4-8}$$

式中，idf_j 为第 i 个特征词的逆向文本频率；$|D|$ 为有语义词汇库内所有污染企业名称的总数；d_j 为第 j 个污染企业名称；$|\{j:w_i \in d_j\}|$ 为包含第 i 个特征词的污染企业名称的总和。

特征词词频（$tf_i df_{i,j}$）计算见式（4-9）。

$$tf_i df_{i,j} = tf_{i,j} \times idf_{i,j} \tag{4-9}$$

式中，$tf_i df_{i,j}$ 为第 i 个特征词在第 j 个污染企业名称中的权重。

（2）摘要构建

按小类行业，将行业名称和分类说明中由高至低排在前 100 位的有语义词汇组成热词；然后利用自关联表对各小类行业的热词向上聚合至所属中类，形成代表中类行业的摘要。

（3）行业类别预测模型构建与训练

首先，结合摘要，将特征词与摘要进行匹配，匹配上时将特征词词频乘以权重作为其特征值，匹配不上时则将特征词词频作为其特征值；然后，使用训练数据集训练基于改进型朴素贝叶斯的预测模型（何敏等，2016；赵博文等，2020）（图 4-21），在此过程中，使用十折交叉验证的网格搜索方法调整拉普拉斯平滑法（徐光美等，2017）中平滑参数 α，使用 5 次验证集的平均精确率最高值作为最优参数；最后，通过检验数据集的精确率、召回率和 $F1$ 值评估模型，获取最优模型。

（4）POI 数据的行业类别预测

将 POI 数据输入已经训练好的改进型朴素贝叶斯模型，预测各企业所属行业。

（5）污染企业识别

从 POI 数据的预测结果中提取疑似土壤污染行业数据涉及的中类行业，将其对应的企业作为疑似土壤污染企业。

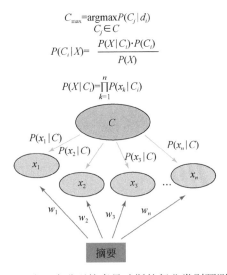

$$C_{\max}=\underset{C_j \in C}{\arg\max} P(C_j|d_i)$$

$$P(C_i|X)=\frac{P(X|C_i)\cdot P(C_i)}{P(X)}$$

$$P(X|C_i)=\prod_{k=1}^{n}P(x_k|C_i)$$

图 4-21　基于改进型朴素贝叶斯的行业类别预测模型

C 为行业类别集合；X 为特征词集合；x_i 为第 i 个特征词；d_i 为第 i 个企业名称；w_i 为第 i 个权重

4.4.2 不同行业词云

　　针对有语义词汇库中 40 余万个词汇，采用颜色区分词汇，采用字体大小区分出现频率，经统计形成不同行业词云（图 4-22）。农药制造行业的高频词汇为化工、生物科技、科技；化学药品原料制造行业的高频词汇为制药、药业；合成材料制造行业的高频词汇为科技、材料、化工；基础化学原料制造行业的高频词汇为化工、贸易、商贸；常用有色金属冶炼行业的高频词汇为有色金属、矿业金属；涂料、油墨、颜料及类似产品制造行业的高频词汇为化工、科技、材料；皮革鞣制加工行业的高频词汇为皮革、皮业、皮革制品；金属表面处理及热处理加工行业的高频词汇为电镀、电镀厂、金属表面。显然，词云有助于初步地认知和感知不同行业特点，并为后续行业分类预测和污染企业识别提供前提基础。

(a)农药制造　　　　　　　(b)化学药品原料制造　　　　　　　(c)合成材料制造

(d)基础化学原料制造　　　　(e)常用有色金属冶炼　　　　(f)涂料、油墨、颜料及类似产品制造

(g)皮革鞣制加工　　　　　　(h)金属表面处理及热处理加工

图 4-22　八个行业词云

4.4.3　行业分类预测算法筛选

精确率衡量算法分类结果的准确性，召回率衡量算法分类结果的完整性，而 $F1$ 值则是综合考虑前述两个因素衡量算法分类结果效果。无论是从精确率还是从召回率或是 $F1$ 值上看，不同算法的分类性能存在一定差异，且朴素贝叶斯的性能优于随机森林和极限梯度提升，其中前者比后者在精确率上分别提高 0.07 和 0.04、在召回率上分别提高 0.08 和 0.07、在 $F1$ 值上分别提高 0.07 和 0.05（表 4-10）。因此，采用朴素贝叶斯进行行业分类预测，当然该算法的性能有待提高。

表 4-10　不同行业分类预测算法性能

算法类型	精确率（P）	召回率（R）	$F1$
随机森林	0.28	0.28	0.28
极限梯度提升	0.31	0.29	0.30
朴素贝叶斯	0.35	0.36	0.35

4.4.4　有语义词汇库构建方法比选

与仅采用企业名称相比，采用企业名称+经营范围构建有语义词汇库后，朴素贝叶斯的精确率、召回率和 $F1$ 值得到大幅提升，分别提高 0.23、0.23 和 0.23（表 4-11），这是由于经营范围扩充了有语义词汇库库容，减少了 POI 企业名称向量化时新词汇特征的损失。因此，采用企业名称+经营范围构建有语义词汇库。

表 4-11　不同有语义词汇库构建方法引起的朴素贝叶斯性能

有语义词汇库构建方法	精确率（P）	召回率（R）	$F1$
企业名称	0.35	0.38	0.36
企业名称+经营范围	0.58	0.61	0.59

4.4.5　朴素贝叶斯模型优化

与对照组（权重为 1）相比，当权重为 1.15 和 1.30 时，精确率、召回率和 $F1$ 值均变化不大；当权重为 1.27 时，三者数值则分别提高 0.05、0.07 和 0.06，表明权重 1.27 为最优值（图 4-23）。显然，该最优值明显提升了具有行业分类特征的特征词的特征值，规避了训练集中各行业样本数分布不均造成朴素贝叶斯倾向于大类、忽略小类的现象（陈凯等，2018），进而提高了该算法的性能。

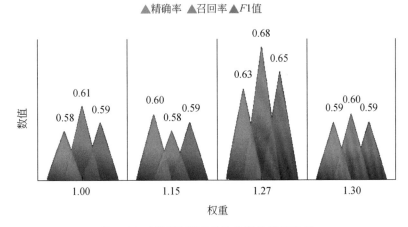

图 4-23　不同权重引起的朴素贝叶斯性能

尽管前述利用经营范围扩充了有语义词汇库，但是依然不可能穷举所有的特征词，故在对 POI 企业名称向量化时仍然会损失新词汇的特征，从而产生过拟合现象。另外，在计算先验概率时，若 POI 企业名称的某个特征词在训练数据集中某个行业类别中没有特征值，则会发生零概率现象。据此，在计算后验概率时，利用平滑参数 α 力求缓解过拟合和零概率现象，从而优化朴素贝叶斯。当平滑参数 α 介于 1.05 ~ 1.15 时，精确率、召回率和 F1 值均变化不大，分别介于 0.61 ~ 0.63、0.66 ~ 0.68、0.64 ~ 0.65 且平滑参数 α 为 1.10 时，识别效果最好（图 4-24）。

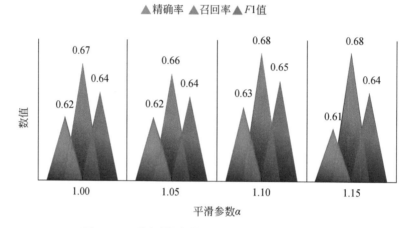

图 4-24   不同平滑参数 α 引起的朴素贝叶斯性能

现有研究仅能利用朴素贝叶斯模型预测行业大类（史舟等，2018；Jia et al.，2019），而本研究的改进型朴素贝叶斯模型通过引入权重和摘要及利用"企业名称+经营范围"构建有语义词汇库可以实现行业中类研判，进而提高预测准确性。

4.5   基于遥感影像的区域疑似污染场地识别技术

4.5.1   数据基础

部分污染场地具有面积较小、形状不规则、地块分散等特点，同时敏感受体的空间面积大小差异巨大，为减少由卫星遥感影像空间分辨率较低、存在大量混合像元造成的误差问题，研究中尽可能在实验材料方面提高识别精度，选用高分系列影像作为场地污染大数据挖掘的卫星资料。高分系列卫星是我国"高分专项"所规划的高分辨率对地观测的系列卫星，目前我国在轨运行的高分系列卫星有高分一号（GF-1）到高分十四号（GF-14）卫星，空间分辨率可达米级（表4-12）。本研究采用高分一号到高分四号的卫星影像资料。高分卫星由于其高空间分辨率，可以有效解决清晰图像中类间差异小和类内差异大等问题，在地理、国情、林业、国土、城市管理等领域应用广泛。高分遥感卫星在应用前均进行正射校正、自动配准、图像融合、辐射定标等预处理过程。

表 4-12　高分系列卫星参数

卫星	发射时间	传感器
GF-1	2013 年 4 月	2m 全色/8m 多光谱 16m 多光谱宽幅
GF-2	2014 年 8 月	1m 全色/4m 多光谱
GF-3	2016 年 8 月	1mC-SAR 合成孔径雷达
GF-4	2015 年 12 月	50m（VIS/NIR）、400m（MWIR）
GF-5	2018 年 5 月	20m（VIS/SWIR）、40m（MWIR/LWIR）
GF-6	2018 年 6 月	2m 全色/8m 多光谱相机/16m 多光谱宽幅相机
GF-7	2019 年 11 月	0.8m 全色/3.2m 多光谱/0.3m 激光测高仪
GF-8	2015 年 6 月	0.5m 全色/2m 多光谱
GF-9	2015 年 9 月	0.5m 全色/2m 多光谱
GF-10	2019 年 10 月	0.5m X 波段合成孔径雷达
GF-11	2018 年 7 月	亚米级光学相机
GF-12	2019 年 11 月	亚米级合成孔径雷达
GF-13	2020 年 10 月	15m（VIS/NIR）、150m（MWIR）、400m（LWIR）
GF-14	2020 年 12 月	—

4.5.2　基于自然语言处理与历史遥感影像的搬迁（疑似）污染场地范围识别

基于不同年份的场地调查报告、疑似污染地块、POI 数据，结合自然语言处理技术提取场地四至范围，同时建立历史遥感影像与疑似污染地块的图像特征关系并识别搬迁（疑似）污染场地范围。搬迁（疑似）污染场地范围识别过程分为数据收集、数据处理、范围识别三个过程。首先，广泛收集不同年份用于提取场地四至范围的场地调查报告、网络公示污染地块信息，以及用于确定场地地理空间位置的高德网络地图 POI 数据；其次，基于收集到的数据，综合确定搬迁（疑似）污染场地空间位置及范围，并在此基础上建立搬迁（疑似）污染场地的 WGS84 坐标中心与缓冲区，并构建有建筑物信息的不同年份历史遥感影像数据集；最后，在合理缓冲区范围内，比较数据集中不同年份建筑物的空间位置变化信息，最终构建完成搬迁（疑似）污染场地范围识别框架（图 4-25）。

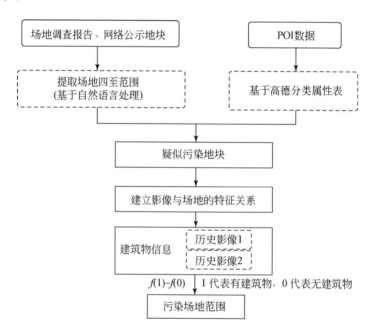

图 4-25　疑似污染地块识别处理流程

4.5.3　基于单镜头多盒检测器模型及深度学习的疑似污染场地识别

以遥感影像（谷歌或高分系列）为输入变量，研究应用 SSD 模型及深度学习，通过分析特定地物的历史遥感影像追踪污染企业的变迁，并结合名录数据、场调数据、地理数据，推测出疑似污染场地可能的位置范围。选取多年遥感卫星影像，识别疑似污染场地位置，其中红色区域为场调数据记录的疑似污染场地边界范围，蓝线区域为模型计算的疑似污染场地区域（图4-26）。

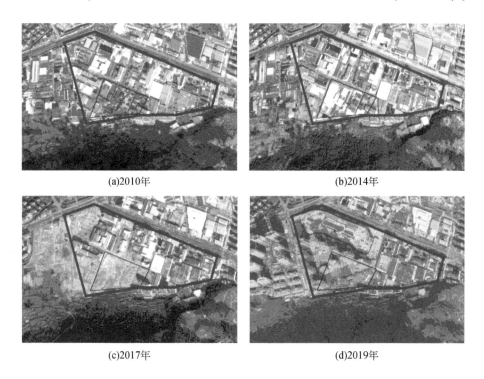

(a)2010年　　　　　　　　　　　　　　　(b)2014年

(c)2017年　　　　　　　　　　　　　　　(d)2019年

图4-26　疑似污染场地遥感影像

4.6　区域场地污染敏感受体（以学校为例）识别技术

4.6.1　SSD 模型

SSD 是一种单阶段检测模型，能够同时保证目标检测的速度和精度，是现阶段深度学习领域最主流的模型之一（Liu et al.，2016）。SSD 模型基于前馈卷积网络，该网络产生固定大小的边界框集合，并为这些边界框中存在的对象类实例打分，然后进行非最大抑制步骤以产生最终检测结果。

本研究中基于 SSD 模型，以遥感卫星图像为输入变量，将标记好的学校操场训练集样本的特征分解，进而进行分类和边框预测；并根据 IoU 相互匹配结果，得到为每个 default bbox 匹配 gr_bbox 的最终结果；最后将训练好的模型用于全区域敏感受体学校的识别（图 4-27）。SSD 模型的核心在于预测一系列相对于默认边框（Default Bounding Box）的类别分数（Category Scores）和边框偏移（Box Offsets），而不是通过一个区域生成网络（region proposal network，RPN）的结果生成感兴趣区域（region of interest，ROI）然后计算边框（Bounding Box）。

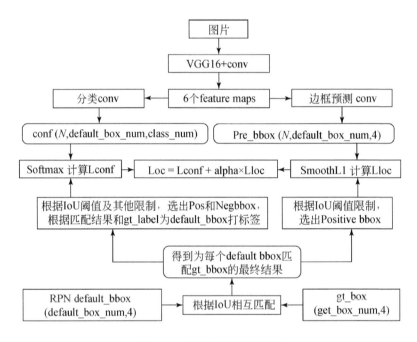

图 4-27　模型数据处理流程

4.6.2　基于遥感影像的敏感地块识别

选用学校独有的操场特征作为学校提取的主要依据及训练要素，采用 SSD 模型对训练集数据进行模型训练，完成后输入图像进行测试。训练数据集为杭州市某区操场的谷歌遥感影像，使用 Labelme 软件进行标注，标签设定为操场、非操场两种。本训练模型为 SSD 模型，是一种以 VGG16 为主网络结构、多尺度预测的目标检测模型。

本研究中，训练迭代次数为 55 万次，损失函数优化算法选择"自适应矩估计"。图 4-28 为模型训练过程的可视化，分别为损失函数、权重以及偏差在迭代过程中的变化情况，模型在 50 万次后均方根误差（root mean square error，RMSE）基本稳定。模型训练完成后输入图像进行测试，从目标检测效果中能够清晰地看到，深度学习构建的模型已经能得到各个操场的大致位置，初步识别出污染场地敏感受体学校的地理位置。

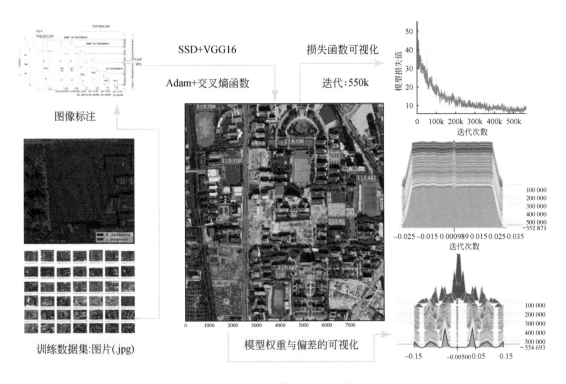

图 4-28　敏感受体学校的识别过程

$k = 1000$

4.6.3　基于语义关联的敏感地块识别

基于网络地图开放平台收集得到的 POI 数据和建设项目环评表，以《城市用地分类与规划建设用地标准》（GB 50137—2011）、高德地图 POI 分类对照表、《国民经济行业分类》、为分类依据，采用自然语言处理及语义关联，结合《城市用地分类与规划建设用地标准》等信息并进行地理空间信息匹配，分别建立敏感地块数据集和 POI 数据集，最终识别敏感地块位置并构建第一类建设用地（敏感地块）数据集（图 4-29）。

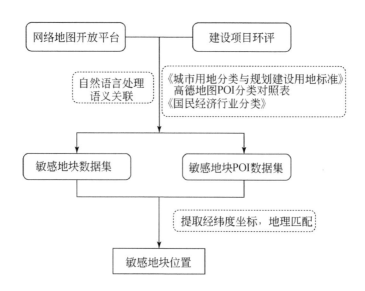

图 4-29　基于文本的敏感地块（第一类建设用地）数据构建流程

4.6.4　敏感受体识别结果

基于自然语言处理技术和语义关联，构建全国第一类建设用地数据集，步骤主要包括：①利用高德地图开放平台的 API，开发高德 POI 数据采集与提取模块，并通过语义关联获取第一类建设用地的地理位置信息；②利用建设用地环评数据，根据《国民经济行业分类》和《城市用地分类与规划建设用地标准》，使用自然语言处理、语义关联的方法来构建第一类建设用地数据集，并提取经纬度坐标等相关地理位置信息；③通过所构建的数据集，绘制第一类建设用地核密度空间分布图。

研究结果表明，我国第一类建设用地在胡焕庸线两侧呈现不同的分布密度格局。第一类建设用地在胡焕庸线东侧，呈现高密度分布，其中华北平原及东部沿海地区密度最高；而在胡焕庸线西侧，第一类建设用地分布密度较低（图 4-30）。

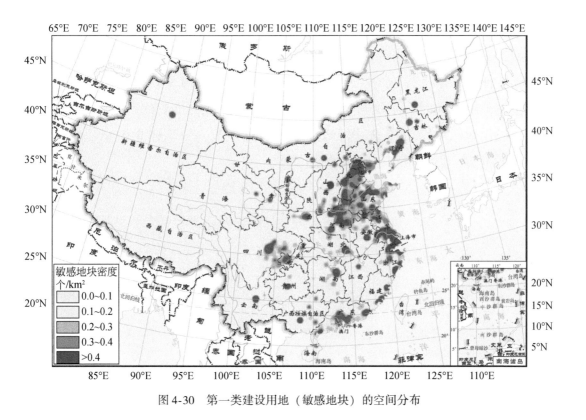

图 4-30 第一类建设用地（敏感地块）的空间分布

4.7 小   结

1）开发了场地污染智能识别应用系统。该系统主要包括地块信息收集、构建标准化数据库、数据挖掘分析三个功能模块。该系统基于多种机器学习算法，设计和开发用于场地污染风险识别的机器学习平台，支持用户根据数据特点进行模型训练数据筛选、数据预处理、特征工程、分类算法选择、模型评估和预测等。

2）开发了区域疑似污染场地行业类别智能研判技术方法。基于自然语言处理和机器学习，通过引入摘要中热词权重构建了改进型朴素贝叶斯模型，实现了对POI数据进行中类行业预测和污染企业识别，中类行业类别预测的精确率、召回率和 $F1$ 值分别为 0.63、0.62 和 0.63。

3）构建了基于遥感影像的区域疑似污染场地识别技术。该识别技术实现了基于自然语言处理与历史遥感影像的搬迁（疑似）污染场地范围识别和基于 SSD 模型及深度学习的疑似污染场地识别功能。

4）构建了区域场地污染敏感受体（以学校为例）识别技术。选用学校独有的操场特征作为学校提取的主要依据及训练要素，采用 SSD 模型对训练集数据进行模型训练；同时，采用自然语言处理及语义关联，结合《城市用地分类与规划建设用地标准》等信息进行地理空间信息匹配，分别建立敏感地块数据集和 POI 数据集，最终识别出敏感地块位置。

第5章 | 区域场地污染源-汇关系诊断技术研究

5.1 研究区土壤污染状况分析

5.1.1 材料与方法

(1) 示范区概况

研究区总体地势北高南低,山峦起伏,中低山广布。地貌以中低山为主,丘陵、岩溶准平原次之,局部为山前冲积平原及山间冲洪积平原。土壤主要可分为水稻土、红壤、赤红壤、黄壤、石灰土、紫色土六大土类。土地利用现状以农用地为主,属南亚热带湿润型气候,具有潮湿、温暖、多雨、雨季及旱季明显等特点。年平均气温为 $18.8 \sim 21.6℃$。雨量充沛,多年平均降水量为 1682.3mm。地处南岭巨型纬向构造带中段,南岭成矿带横贯全区,成矿地质条件优越,矿产资源种类较齐全,铀、铅、锌、铜、钨、镉、汞等矿产储量位居某省首位。近20年来,矿产资源开发引发了一系列环境问题。

(2) 数据基础

相关数据主要来源于开源的中国科学院资源环境科学与数据中心、中国科学院地理科学与资源研究所数据库和现场采样等(表5-1和图5-1)。

表 5-1 已收集的数据

属性	类别	来源
自然地理	土壤类型	第二次全国土壤普查数据
	数字高程	ASTER 30m
	酸碱度	采样测试
	有机质	测土配方
	植被覆盖	资源环境数据平台

属性	类别	来源
	工业企业	生态环境管理部门
	河流分布	中国科学院资源环境科学与数据中心
	交通干线分布	百度地图
社会经济	土地利用类型	中国科学院地理科学与资源研究所数据库
	农药使用量	某市统计年鉴
	化肥使用量	某市统计年鉴
	人口密度	某市统计年鉴

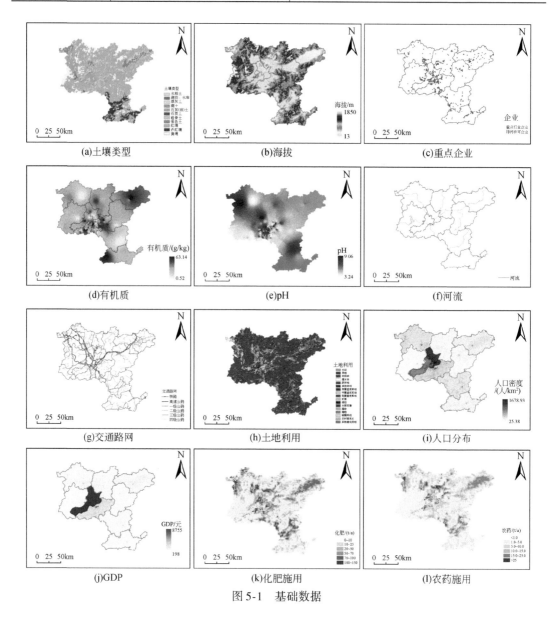

图 5-1　基础数据

（3） 土壤样品采集与分析测试

利用 ArcGIS 10.7 在研究区范围内分级布点，中部地区布点精度为 1.5km×1.5km，东西两侧布点精度按照 4km×4km 布设，共计 228 个表层土壤（0 ~ 20cm）点位（图 5-2）。

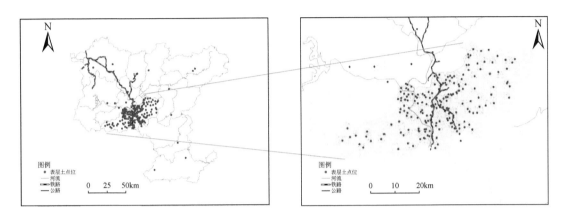

图 5-2 研究区采样点分布

采用 GPS 对 228 个采样点精确定位，采样时以计划样点为中心，采用双对角线法五点混合采样，样品混合均匀后按四分法获取每个采样点的土壤不少于 2kg，装入样品袋，并记录现场相关信息及周边土地利用现状。在实验室，将采集的土壤样品弃去杂草、砾石、动植物残体等杂物，混匀风干后用研钵磨碎过 100 目（孔径相当于 0.15mm）筛后保存，备用。

（4） 土壤重金属含量统计分析方法

采用地累积指数法定量评价土壤中各元素的累积程度 ［式（5-1）］：

$$I_{geo} = \log_2 \left(\frac{C_n}{1.5 B_n} \right) \tag{5-1}$$

式中，C_n 是样品中元素的测量浓度（mg/kg）；B_n 是地球化学背景值（mg/kg），在本研究中 B_n 由土壤背景值代替，修正了由地质背景岩性及极小的人为活动影响引起的背景数据的可能变化。地累积指数（I_{geo}）分为 7 类：未被污染（$I_{geo} \leq 0$）、未被污染到中度污染（$0 < I_{geo} \leq 1$）、中度污染（$1 < I_{geo} \leq 2$）、中度污染到强污染（$2 < I_{geo} \leq 3$）、强污染（$3 < I_{geo} \leq 4$）、强污染到极强污染（$4 < I_{geo} \leq 5$）、极强污染（$I_{geo} > 5$）。

5.1.2 土壤重金属含量统计分析

研究区土壤铅、汞、镉、锌、铜可能有相同污染来源，不同重金属污染程度差别较大，其中镉、砷污染程度相对较高（表5-2和表5-3）。

表5-2 研究区土壤重金属相关性分析结果

元素	汞	铅	镉	锌	铜	砷	镍	铬
汞	1	0.506**	0.574**	0.302**	0.155*	0.047	0.091	0.155*
铅	0.506**	1	0.698**	0.593**	0.516**	0.333**	0.128	0.052
镉	0.574**	0.698**	1	0.596**	0.472**	0.129	0.224**	0.164*
锌	0.302**	0.593**	0.596**	1	0.600**	0.125	0.629**	0.460**
铜	0.155*	0.516**	0.472**	0.600**	1	0.298**	0.279**	0.192**
砷	0.047	0.333**	0.129	0.125	0.298**	1	0.102	0.242**
镍	0.091	0.128	0.224**	0.629**	0.279**	0.102	1	0.671**
铬	0.155*	0.052	0.164*	0.460**	0.192**	0.242**	0.671**	1

** 在0.01级别（双尾），相关性显著；* 在0.05级别（双尾），相关性显著。

表5-3 研究区土壤重金属地累积指数法评价结果

	指示	未被污染	未被污染到中度污染	中度污染	中度污染到强污染	强污染	强污染到极强污染	极强污染
	等级	$I_{geo} \leq 0$	$0 < I_{geo} \leq 1$	$1 < I_{geo} \leq 2$	$2 < I_{geo} \leq 3$	$3 < I_{geo} \leq 4$	$4 < I_{geo} \leq 5$	$I_{geo} > 5$
汞	样点数	83	99	18	5	3	0	0
	比例/%	39.91	47.60	8.65	2.40	1.44	0	0
砷	样点数	36	63	67	30	8	3	1
	比例/%	17.31	30.29	32.21	14.42	3.85	1.44	0.48
铅	样点数	128	57	14	6	3	0	0
	比例/%	61.54	27.40	6.73	2.89	1.44	0	0
镉	样点数	88	46	28	27	9	3	7
	比例/%	42.31	22.11	13.46	12.98	4.33	1.44	3.37
铜	样点数	85	90	21	5	6	1	0
	比例/%	40.87	43.27	10.10	2.40	2.88	0.48	0
镍	样点数	113	71	20	2	2	0	0
	比例/%	54.33	34.13	9.62	0.96	0.96	0	0
铬	样点数	66	121	20	1	0	0	0
	比例/%	31.73	58.17	9.62	0.48	0	0	0
锌	样点数	99	80	18	6	2	2	1
	比例/%	47.60	38.46	8.65	2.89	0.96	0.96	0.48

5.1.3 土壤重金属污染空间分布

以采样点位分布密集的区域为重点，分析镉、汞、砷、铅、铬、铜、锌、镍等主要重金属污染物及其分布，确定土壤污染重点区域及范围。从 8 种重金属土壤含量分布来看，镉、汞、铅等重金属含量较高的区域集中分布在研究区北部地区，砷含量较高的区域分布在南部地区（图 5-3）。

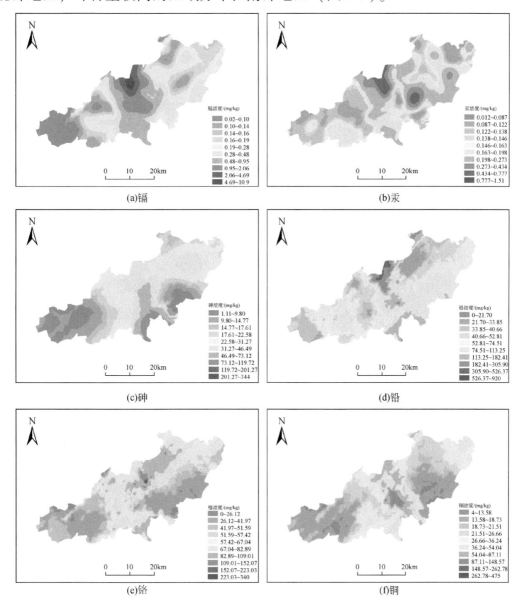

(a)镉　　　　　　　　　　　　　　(b)汞

(c)砷　　　　　　　　　　　　　　(d)铅

(e)铬　　　　　　　　　　　　　　(f)铜

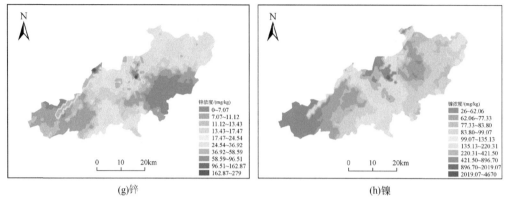

图 5-3　研究区土壤重金属污染分布

5.2　研究区地下水化学分析

5.2.1　材料与方法

（1）水化学分析方法

分析研究区地下水水化学类型及主要阴阳离子组分来源。利用 Na^+、K^+、Ca^{2+}、Mg^{2+}、HCO_3^-、SO_4^{2-} 和 Cl^- 浓度，借助 Origin 2021b 绘制 Piper 三线图和离子比例系数。使用 SPSS 软件分析离子间的相关性。使用内梅罗指数法评价地下水质量。

根据内梅罗指数法，计算各个因子的单一指数［式（5-2）］，求出各个分值的平均值［式（5-3）］，取最大值和平均值计算综合污染指数［式（5-4）］。

$$P_i = \frac{C_i}{X_i} \tag{5-2}$$

式中，P_i 为第 i 个评价因子的污染指数；C_i 为第 i 个评价因子的实测浓度值；X_i 为《地下水质量标准》（GB/T 14848—2017）中Ⅲ类水标准限值。

$$\overline{P} = \frac{1}{n} \sum_{i=1}^{n} P_i \tag{5-3}$$

$$P_{综} = \sqrt{\frac{(\overline{P})^2 + (P_{i\max})^2}{2}} \tag{5-4}$$

式中，$\overline{P}$ 为单因子指数平均值；P_{imax} 为单因子指数中的最大值；$P_{综}$ 为内梅罗综合污染指数。

（2）地下水样品采集与分析测试

2021 年 6～7 月，在研究区共采集地下水样品 31 个，地下水采样点分布如图 5-4 所示。样品测试指标包括 pH、铬、砷、铅、镉、镍、锌、铜、Na^+、K^+、Ca^{2+}、Mg^{2+}、HCO_3^-、SO_4^{2-}、Cl^- 和 NO_3^-，检测方法按照《地下水质量标准》（GB/T 14848—2017）中推荐的检测方法执行。

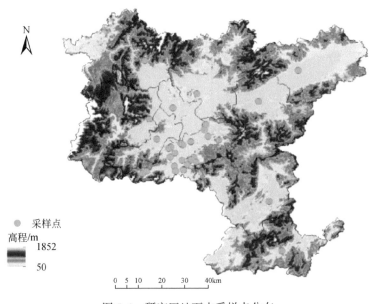

图 5-4　研究区地下水采样点分布

5.2.2　分析水化学特征分析

研究区内地下水水化学类型以 $SO_4 \cdot HCO_3$-$Ca \cdot Mg$ 型、SO_4-Ca 型、HCO_3-Ca 型、HCO_3-$Ca \cdot Mg$ 型和 $SO_4 \cdot Cl$-$Ca \cdot Mg$ 型水为主，其中山前冲积扇地下水补给区水化学类型以 HCO_3-$Ca \cdot Mg$ 型水为主，而冲积平原排泄区地下水化学类型以 $SO_4 \cdot HCO_3$-$Ca \cdot Mg$ 型水为主（图 5-5）。

Cl^- 与 Na^+ 之间具有极高的相关性，说明研究区地下水中 Na^+ 与 Cl^- 具有相同的来源，可能是岩盐的溶解；Cl^- 与 Mg^{2+} 离子具有较高的相关性；Cl^- 与 K^+ 离

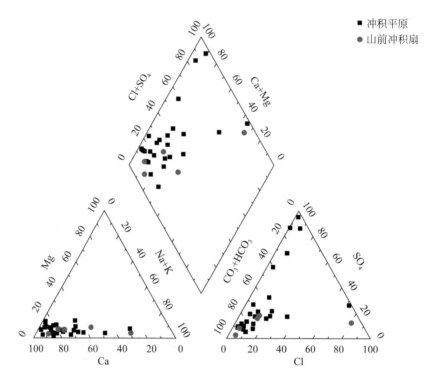

图 5-5　Piper 三线图

子也具有相关性；SO_4^{2-} 与 Ca^{2+}、Mg^{2+} 具有高相关性，说明 SO_4^{2-} 与 Ca^{2+}、Mg^{2+} 可能具有一定的同源性，有可能来源于硫酸盐矿物的溶解风化；SO_4^{2-} 与 K^+ 也具有相关性；Na^+ 与 Mg^{2+} 具有高相关性；Mg^{2+} 与 K^+、Ca^{2+} 具有较高相关性；K^+ 与 Ca^{2+} 具有较高相关性；HCO_3^- 与 Ca^{2+}、Mg^{2+} 的相关性并不强，表明它们在地下水中可能具有不同的来源，Ca^{2+} 可能来源于阳离子交换作用或石膏溶解，碳酸盐溶解不是其主要来源（表 5-4）。

表 5-4　水化学离子组分相关系数矩阵

	pH	NO_3^-	Cl^-	SO_4^{2-}	HCO_3^-	Na^+	Mg^{2+}	K^+	Ca^{2+}
pH	1								
NO_3^-	−0.123	1							
Cl^-	−0.219	−0.089	1						
SO_4^{2-}	−0.168	−0.192	0.222	1					
HCO_3^-	0.665**	−0.15	−0.215	0.004	1				

续表

	pH	NO$_3^-$	Cl$^-$	SO$_4^{2-}$	HCO$_3^-$	Na$^+$	Mg^{2+}	K$^+$	Ca^{2+}
Na$^+$	−0.23	−0.079	0.998 **	0.231	−0.209	1			
Mg^{2+}	−0.139	−0.183	0.698 **	0.823 **	−0.005	0.703 **	1		
K$^+$	−0.134	0.138	0.445 **	0.497 **	0.169	0.462 **	0.615 **	1	
Ca^{2+}	0.012	−0.173	0.29	0.954 **	0.248	0.299	0.859 **	0.543 **	1

＊＊在 0.01 级别（双尾），相关性显著。

5.2.3 地下水质量分析

研究区内镍、铅和镉超标相对比较严重。镍浓度偏高可能是由于天然高背景值导致地下水浓度超标。铅和镉超标主要是由于研究区内有色金属矿产开采及露天尾矿库堆场在降水影响下导致铅和镉进入地下水（图 5-6）。

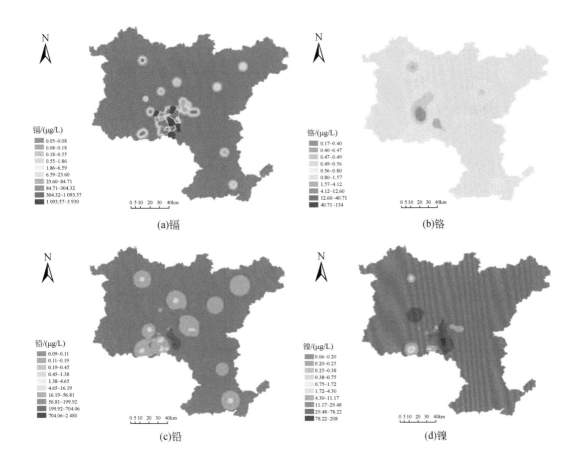

(a)镉 (b)铬 (c)铅 (d)镍

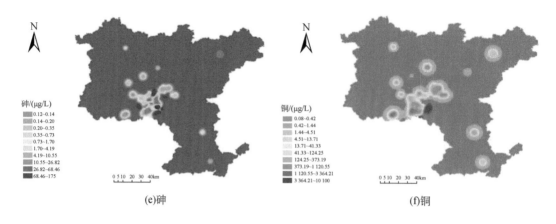

图 5-6　地下水中重金属浓度分布

5.3　基于深度学习的土壤重金属含量预测方法

5.3.1　基本原理

（1）蜉蝣算法

蜉蝣算法（mayfly algorithm，MA）是 2020 年由希腊学者 Konstantinos 等提出的新的仿真优化算法，用于解决复杂的函数优化问题。蜉蝣是由雌性蜉蝣群体及雄性蜉蝣群体组成，受蜉蝣动物的交配行为启发，将雄性蜉蝣的最优个体及雌性蜉蝣的最优个体进行交配，得到一个最优子代。同理，雄性次优个体及雌性次优个体进行交配得到次优个体。雄性及雌性个体的位置更新类似于粒子群优化算法，均具有速度更新及位置更新能力。

惯性权重因子对解的搜索精度及收敛次数有着良好的指导性作用。因此，引入一种非线性惯性权重因子［式（5-5）］，使之在迭代初期惯性权重缓慢减小使它有很好的全局搜索能力，更快达到一定的收敛精度；在迭代后期，其解容易陷入局部最优，此时较小惯性权重能够有较好的局部搜索能力使之达到最优解。

$$\omega(t) = 1 - \cos\left(\frac{\pi t}{2 \cdot T_{\max}}\right) \qquad (5\text{-}5)$$

设雄性及雌性蜉蝣在 d 维空间中的位置为 $x=(x_1,x_2,\cdots,x_d)$。设蜉蝣个体在维度空间上的速度为 $v=(v_1,v_2,\cdots,v_d)$。每个蜉蝣的飞行方向是个体及社会的飞行经验动态的交互作用，雄性个体及雌性个体都具有最佳位置 p_{best}。

雄性蜉蝣容易成群聚集，每只雄性蜉蝣的位置依靠自身及邻近经验来调节。设 x_i^t 是个体蜉蝣 i 在第 t 次迭代时搜索空间的位置，第 $t+1$ 的迭代速度为 v_i^{t+1}，那么位置更新表达式为

$$x_i^{t+1}=\omega x_i^t+v_i^{t+1} \tag{5-6}$$

雌性蜉蝣不会群体聚集，但雄性蜉蝣会飞来与雌性蜉蝣交配繁殖，设 y_i^t 是个体蜉蝣 i 在第 t 次迭代时位置，那么位置更新表达式为

$$y_i^{t+1}=\omega y_i^t+v_i^{t+1} \tag{5-7}$$

雌雄个体交配是生物自身的特点，其交配过程为分别从雌雄个体各选择一个样本，选择雌雄样本的方式及雄性吸引雌雄的方式相同。选择过程是随机的，用雄性最优个体及雌性最优个体进行繁殖，次优雄性及次优雌性个体进行繁殖，经过交叉得到两个后代，其后代表达式为

$$n_1=r\times male+(1-r)\times female$$
$$n_2=r\times female+(1-r)\times male \tag{5-8}$$

式中，male 及 female 分别为父本、母本。

（2）深度核极限学习机

深度极限学习机（deep extreme learning machine，DELM）利用多个基于极限学习机的自编码器（ELM-AE）进行计算，构建含多个隐含层的网络结构。ELM-AE 将输入样本以随机映射的方式映射到隐含层，会影响模型的稳定性及泛化能力，因此引入核函数，以核映射代替其随机映射，形成 DKELM（图 5-7）。

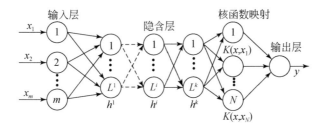

图 5-7　DKELM 结构

DKELM 由输入层、输出层及多个隐含层组成。输入数据经过 L 个隐含层后得到输入特征 X，然后利用核方法将特征 X 进行映射。核隐含层的输出矩阵无需具体形式，只需用核函数的内积原理计算 $\mathbf{HH}^{\mathrm{T}}$ 与 $h(x)\,\mathbf{H}^{\mathrm{T}}$ 的表达形式，即可获得 DKELM 的输出。此时，基于核函数 $K(x,y)$ 的 $\mathbf{HH}^{\mathrm{T}}$ 表达式为

$$\mathbf{HH}^{\mathrm{T}}=\boldsymbol{\Omega}_{\mathrm{ELM}}=\begin{bmatrix} K(x_1,x_1) & \cdots & K(x_1,x_j) \\ \cdots & \ddots & \cdots \\ K(x_N,x_1) & \cdots & K(x_N,x_N) \end{bmatrix}_{N\times N} \tag{5-9}$$

$h(x)\boldsymbol{H}^{\mathrm{T}}$ 的表达式为

$$h(x)\boldsymbol{H}^{\mathrm{T}}=\begin{bmatrix} K(x,x_1) \\ \cdots \\ K(x,x_N) \end{bmatrix} \tag{5-10}$$

最终，DKELM 的网络输出为

$$f(x)=\begin{bmatrix} K(x,x_1) \\ \cdots \\ K(x,x_N) \end{bmatrix}\left(\frac{I}{C}+\boldsymbol{\Omega}_{\mathrm{ELM}}^{\mathrm{T}}\right)^{-1}\boldsymbol{T} \tag{5-11}$$

式中，$\boldsymbol{T}$ 为输入矩阵。

DKELM 利用 ELM-AE 逐层抽取输入数据的有效特征，提高预测精度；利用核映射计算代替高维空间的内积运算，从而实现将特征映射到更高维空间进行决策，进一步提升泛化性能。

由于各 ELM-AE 的随机输入权重及偏置会影响 DKELM 的训练效果，引入 MA 来优化 DKELM 的参数。利用 MA 迭代寻优 DELM 预训练过程中的各 ELM-AE 的随机输入权重及偏置，提升 DKELM 的精确率。MA-DKELM 结合了 MA 的全局搜索能力和局部开发能力及 DKELM 的非线性特征随机映射能力，能够避免模型陷入局部最值（图 5-8）。

5.3.2　土壤重金属含量预测模型构建

利用主成分分析对研究区土壤重金属含量、pH、高程等多个变量数据归一化后进行降维处理；采用 MA 对 DKELM 的输入权重及偏置进行优化，构建

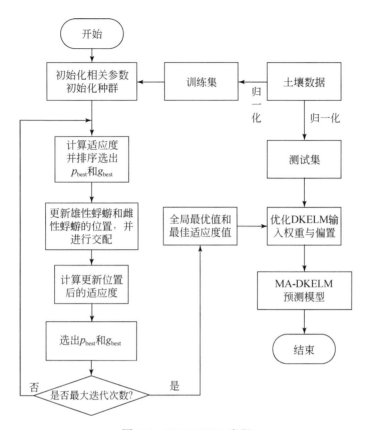

图 5-8　MA- DKELM 流程

出基于 MA- DKELM 的土壤重金属含量预测模型；利用 MA- DKELM、PSO- DELM、DELM 等模型进行土壤重金属含量预测，其对比结果如图 5-9 所示。

相较于 PSO-DELM、DELM 模型，MA-DKELM 模型预测结果与真实值的绝对误差（absolute error）值整体小于其他模型，而其他模型与真实值的绝对误差值浮动变化不稳定。因此，MA-DKELM 模型在土壤重金属含量的预测中精度高且稳定（图 5-9）。

MA-DKELM 模型的各项评价指标均优于其他模型。MA-DKELM 模型在均方根误差（root mean square error，RMSE）指标相较于 PSO- DELM、DELM 模型分别降低 1.05、2.26，平均绝对百分比误差（mean absolute percentage error，MAPE）分别降低 2.23 个百分点、4.52 个百分点，平均绝对误差（mean absolute error，MAE）分别降低 48.48%、93.94%；拟合系数（R^2）则达到 0.915（表 5-5）。整体而言，MA-DKELM 模型泛化能力更强，更能适用于土壤重金属预测。

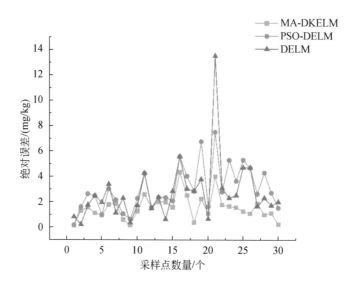

图 5-9   土壤重金属含量预测结果对比

表 5-5   各模型预测性能对比

模型	RMSE	MAPE/%	MAE	R^2
MA-DKELM	1.90	5.09	1.65	0.915
PSO-DELM	2.95	7.32	2.45	0.832
DELM	4.16	9.61	3.20	0.713

5.4   区域污染风险源分布格局分析方法

5.4.1   材料与方法

（1）基础数据

区域污染风险源分布格局分析基本数据主要分为 POI 数据和工商企业数据。

1）POI 数据：来源于高德地图，涉及民生、医疗、住宿、金融、道路、公共措施等类型，其中与敏感用地相关的 POI 数据类型有医疗保健服务、住宿服务、风景名胜、商务住宅、科教文化服务，其主要属性有企业名称、国家、省份、城市、县区、POI 类型、经纬度等。

2）工商企业数据：包括工商企业名称、企业经营情况、法定代表人、注册资本、成立日期等。

（2）数据预处理

应用基于自然语言处理的文本挖掘技术，从示范区中生态环境部门发布的官方文件及国家企业信用信息公示系统中获取企业资料，并将工商企业数据与网络地理 POI 数据连接，确定具有空间地理坐标信息的工商企业数据。

5.4.2 基于模糊匹配的重点行业企业识别方法

多源数据融合主要包括数据级融合、特征级融合和决策级融合。数据级融合是最基础层次的融合，能够在保全尽量多信息条件下进行数据融合，但是对数据采集模块、通信模块、处理代价等要求较高。数据级融合过程是直接对未经进一步处理的数据进行关联和融合，融合之后才进行特征提取工作，所以能够最大程度上保留原始数据的特征，也能够提供较多的细节信息。在互联网上采集的场地污染信息数据量大、价值密度低，因此需要尽可能多保全原始信息。然而，这一层次的融合受原始数据的不确定性、不完整性和不稳定性的影响较大，这一层次的融合要求采集模块具有较高的稳定性。因此，为构建重点行业企业融合数据集、探讨其可能的时空分布特征，本研究基于网络地图应用程序接口和国家企业信用信息公示系统，采集 POI、工商企业、行业分类等多源数据，依据《国民经济行业分类》，采用模糊匹配对数据集进行行业特征提取，最终形成基于多源地理大数据融合的重点行业企业要素数据集（图 5-10）。

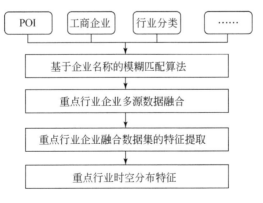

图 5-10 重点行业企业识别方法流程

5.4.3 长三角地区电镀企业分布格局识别结果

通过构建基于模糊匹配的重点行业企业识别模型，使用网络地图应用程序接口和国家企业信用信息公示系统，构建基于接口的工厂数据、工商企业地址、工商企业基本信息的融合数据模型，并基于自然语言处理技术添加缺失行业分类的企业，经过去冗、消歧、归一化后得到长三角地区电镀企业点位分布格局。采集到1996~2020年长三角地区电镀企业共5192条数据，其中安徽省300条、江苏省3078条、上海市476条、浙江省1338条，并在ArcGIS中制作时空分布高精度核密度图（图5-11）。1996~2020年，电镀企业在长三角地区的分布具有集群化、相似化的分布特征；长三角沿海地区电镀企业分布相对密集；江苏省、安徽省北部及浙江省南部等内陆地区电镀企业几乎无分布（图5-11）。

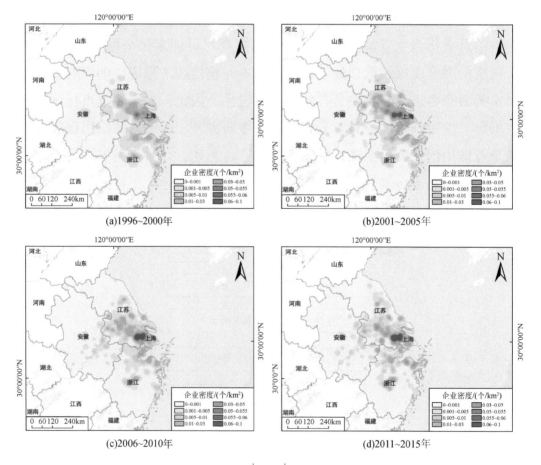

(a)1996~2000年　　　　　　　　　(b)2001~2005年

(c)2006~2010年　　　　　　　　　(d)2011~2015年

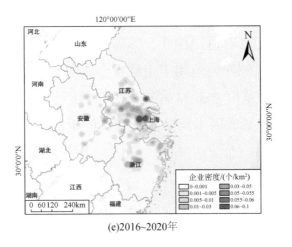

(e)2016～2020年

图5-11　长江三角洲地区电镀企业分布密度（1996～2020年）

5.5　区域场地地下水污染源–汇关系诊断技术

5.5.1　材料与方法

（1）数据获取

土壤数据来自研究区现场采集的样品，共计322个样品点位。在考虑均衡情况下进行随机布点，采样过程中采用GPS准确记录点位位置，检测土壤镉、汞、砷、铅、铬、铜、镍、锌8种重金属及pH。

地下水数据选用研究区2012～2017年监测数据，共计40个地下水监测点位。按照站点计算对应指标数据的均值，作为算法的输入数据。检测指标为25项关键指标（温度、pH、总硬度、硫酸盐、氯化物、挥发酚、高锰酸盐指数、硝酸盐、亚硝酸盐氮、氨氮、氟化物、氰化物、汞、砷、锰、铁、六价铬、锌、铜、硒、溶解性总固体、总大肠菌群、阴离子表面活性剂、镉、铅）。

企业数据通过查阅统计年鉴以及实地信息采集等方式收集，涉重金属企业共计224家，其中黑色金属矿采选业企业数量最多，其次是黑色金属冶炼和压延加工业（共计129家，数量占比达到57.59%）。

（2）正定矩阵因子模型

正定矩阵因子模型具有适用性广、不需要测量源成分谱、能对因子贡献作非负约束等优点，可以较好地应用于土壤重金属源解析，且应用广泛。

正定矩阵因子模型是由 Paatero 等提出的一种因子分析受体模型。该模型将采样数据矩阵（X）分解成因子贡献矩阵（G）、因子成分矩阵（F）及残差矩阵（E）[式（5-12）]。

$$\begin{cases} X_{a\times b} = G_{a\times p} \times F_{p\times b} + E_{a\times b} \\ G \geq 0, F \geq 0 \end{cases} \tag{5-12}$$

式中，a 为受体样品个数；b 为所测的化学物质种类；p 为主因子数（即主要源个数）。

正定矩阵因子模型基于加权最小二乘法进行限定和迭代计算，利用样品的重金属浓度和不确定度数据进行各样点的加权计算，使得目标函数 Q[式（5-13）]最小化。

$$Q = \sum_{c=1}^{a} \sum_{d=1}^{b} \left(\frac{z_{cd} - \sum_{k=1}^{p} g_{ck} f_{kd}}{u_{cd}} \right)^2 = \sum_{c=1}^{a} \sum_{d=1}^{b} \left(\frac{e_{cd}}{u_{cd}} \right)^2 \tag{5-13}$$

式中，z_{cd} 为第 c（$c=1, 2, \cdots, a$）个样品中第 d（$d=1, 2, \cdots, b$）个元素的含量；g_{ck} 为源 k 对第 c 个样品的相对贡献；u_{cd} 为第 c 个样品中第 d 个元素含量的不确定性大小；f_{kd} 为源 k 中第 d 个元素的含量；e_{cd} 为残差。

然而，单一的正定矩阵因子模型的解析结果往往比较笼统，对污染源的判别主观性较强，且缺乏直观视觉效果。因此，较多学者将其与地统计学结合运用，进一步得到污染源在空间上的分布状况。利用双变量莫兰指数表征不同行业与污染源的空间关系，可以明确工业源下不同重点污染企业对土壤重金属的影响，以辅助解析验证正定矩阵因子模型的有效性。

（3）莫兰指数

利用莫兰指数作为测度指标，探讨属性值之间是否具有特殊的空间形态，分为单变量莫兰指数和双变量莫兰指数。其中，单变量莫兰指数可以指出区域同一属性值的分布是聚集、离散或随机模式，双变量莫兰指数揭示空间中某一要素的一个指标与其相邻位置要素的另一个指标的依赖关系，二者计算方法分别见式（5-14）和式（5-15）。

$$I = \frac{n \times \sum\limits_{i=1}^{n} \sum\limits_{j=1}^{n} w_{i,j}(x_i - \bar{x})(x_j - \bar{x})}{\sum\limits_{i=1}^{n} \sum\limits_{j=1}^{m} w_{i,j} \times \sum\limits_{i=1}^{n} (x_i - x_j)^2} \tag{5-14}$$

$$\acute{I} = \frac{n \times \sum\limits_{i=1}^{n} \sum\limits_{j=1}^{n} w_{i,j}(x_i - \bar{y})(x_j - \bar{y})}{\sum\limits_{i=1}^{n} \sum\limits_{j=1}^{m} w_{i,j} \times \sum\limits_{i=1}^{n} (x_i - x_j)^2} \tag{5-15}$$

式中，I 为单变量莫兰指数；$\acute{I}$ 为双变量莫兰指数；x_i、x_j 分别为要素 i、j 的属性值；$\bar{x}$ 为属性值的平均值；$\bar{y}$ 为第二要素的平均值；$w_{i,j}$ 分别为要素 i 和 j 之间的空间权重；n 为要素总数。

对计算得到的莫兰指数，利用 Z 分布进行显著性检验，见式（5-16）~式（5-18）。

$$Z = \frac{I - E(I)}{\sqrt{\mathrm{Var}I}} \tag{5-16}$$

$$E(I) = -\frac{1}{n-1} \tag{5-17}$$

$$\mathrm{Var}I = E(I^2) - E^2(I) \tag{5-18}$$

式中，$E(I)$ 为莫兰指数的期望值；$E(I^2)$ 为莫兰指数方差的期望值。当 Z 得分大于 1.96 或小于 −1.96 时，说明该要素在 95% 置信区间内呈明显的聚集或离散特征；当 Z 得分介于 −1.96 ~ 1.96 时，说明该要素在 95% 置信区间内呈随机分布特征。

（4）自组织特征映射神经网络

自组织特征映射神经网络属于大数据技术中自组织神经网络的一种，由芬兰学者于 1981 年提出。神经网络具有很强的聚类功能，模拟大脑神经系统自组织特征映射功能，是一种无导师的竞争式学习网络，在训练中能无监督地进行自组织学习。在学习过程中，只需向网络提供一些学习样本，而无需提供理想的目标输出，网络根据输入样本的特性进行自组织映射，从而对样本进行自动排序。分类神经网络由输入层和竞争层组成，并且输入层和竞争层的神经元实现全互连接。自组织特征映射神经网络的分析步骤如下：

1）网络初始化。初始化网络权值 ω。

2）距离计算。计算输入向量 $\boldsymbol{X} = [X_1, X_2, \cdots, X_n]$ 与竞争层神经元 j 之间的距离 d_j，计算公式为

$$d_j = \| \sum_{i=1}^{m} (X_i - \omega_{ij}) \| \qquad (j = 1, 2, \cdots, n) \qquad (5\text{-}19)$$

式中，$\omega_{ij} = \omega_{ij} + \eta(X_i - \omega_{ij})$；$\eta$ 为学习速率，一般随进化次数的增加而线性下降。

3）神经元选择。把与输入向量 $\boldsymbol{X}$ 距离最小的竞争层神经元 c 作为最优匹配；在此处键入公式，输出神经元。

4）权值调整。调整神经元 c 和在其邻域 Nc（t）内包含的节点权系数，邻域 Nc（t）计算和权系数调整为

$$\text{Nc}(t) = t \, \text{find}(\text{norm}(\text{post}, \text{posc}) < r)(t = 1, 2, \cdots, n) \qquad (5\text{-}20)$$

式中，post、posc 分别为神经元 t 和 c 的位置，计算两神经元之间的距离；r 为邻域半径。

5）判断算法是否结束。若否，返回步骤 2）。

自组织映射神经网络对地下水源–汇关系诊断的流程如图 5-12 所示。

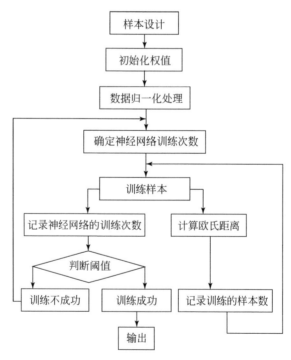

图 5-12　自组织映射神经网络聚类方法流程

5.5.2 土壤污染源–汇诊断技术

利用正定矩阵因子模型和莫兰指数定量化解析研究区土壤重金属来源及贡献程度。首先，通过正定矩阵因子对 8 种重金属（Cd、Hg、As、Pb、Cr、Cu、Zn、Ni）进行污染来源及贡献率解析；然后，运用莫兰指数对因子贡献率与企业密度进行空间相关性验证。

因子 1 对 Cd、Hg、As、Pb、Cr、Cu、Zn、Ni 的贡献率各不相同，其中对 As、Cr、Ni 的贡献率最高，均达到 80% 以上，As、Cr、Ni 含量与地质背景关系密切，结合因子 1 贡献率与企业密度聚类图，H-L 型聚类分布较广，将因子 1 识别为自然源（图 5-13 和图 5-14）。因子 2 对 Pb 的贡献率最高，Pb 及其化合物是重要的工业原料，矿产开采、冶炼以及化石燃料燃烧等工业活动排放的"三废"是土壤中 Pb 的重要来源。结合因子 2 贡献率与企业密度聚类图，因子 2 与企业分布关系密切（图 5-13 和图 5-14）。因此，将因子 2 识别为工业源。因子 3 对 Hg 的贡献率较高，达到 75% 左右；有色金属冶炼、燃煤、金矿和汞矿活动是我国最主要的汞排放源，Hg 的环境迁徙性较强。因此，将因子 3 识

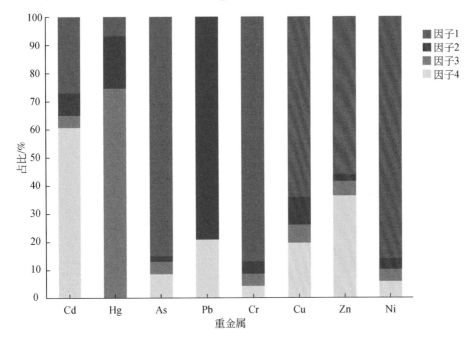

图 5-13 不同污染来源贡献率占比

别为工业排放和大气沉降混合源。因子4对Cd的贡献率最大，为60%。在铅锌冶炼工业的备料、制酸等工序排放的废气中均有Cd排出，并易沉降于企业周围土壤。因此，将因子4识别为大气沉降源。

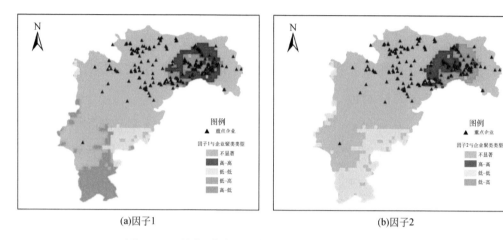

(a)因子1　　　　　　　　　　　(b)因子2

图5-14　不同污染来源贡献率与企业聚类类型莫兰指数

在研究区，利用正定矩阵因子模型和莫兰指数定量解析土壤重金属来源及贡献程度。因子1对Cd、Cr、Pb、As、Hg的贡献率各不相同，其中对Cr的贡献率最高，达到88.2%（图5-15）。该研究区Cr含量均值低于所处省土壤环境背景值，受人为活动影响较小。因此，将因子1识别为自然源，受成土母质影响。因子2对Hg的贡献率最高，为80.6%，其次是Pb，贡献率为24.2%，二者含量相关性较强，表明二者存在部分同源性（图5-15）。有色金属冶炼、燃煤、金矿和汞矿活动是我国最主要的汞排放源。Hg和Pb的环境迁徙性较强，大气沉降是土壤中Hg、Pb元素的主要来源。因此，将因子2识别为工业源中大气干湿沉降源。因子3对Cd和Pb的贡献率较高，分别为63.2%和65.9%。Cd和Pb的含量相关性较强，显示同源性较强（图5-15）。金属矿山的开采、冶炼、重金属尾矿、冶炼废渣和矿渣堆放等是土壤中Cd、Pb污染的主要来源。因此，将因子3识别为工业生产过程中直接排放的工业废弃物。因子4对As的贡献率最大，为75.1%（图5-15）。人为As来源众多，且与Cd、Pb、Hg等元素来源相似，含砷矿石的开采、运输、加工等各环节都有损耗；另外，砷化合物作为原料的玻璃、颜料、原药、纸张的生产以及煤的燃烧等过程，都可产生含砷废水、废气和废渣。因此，将因子4识别为工业混合源。

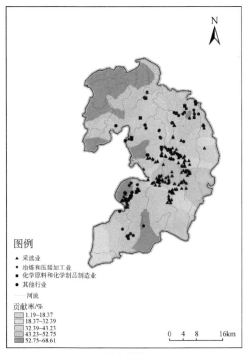

(a)自然源

(b)大气干湿沉降源

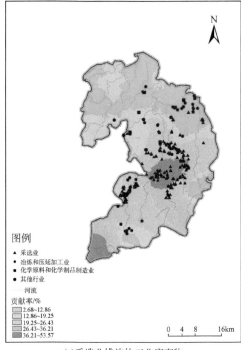

(c)采选业排放的工业废弃物

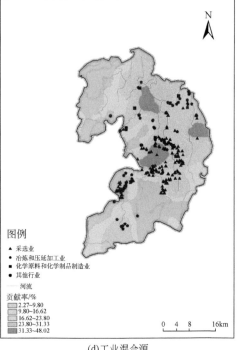

(d)工业混合源

图 5-15　土壤重金属来源及贡献率

研究区中部受重点污染企业影响严重，且以采选业排放的工业废弃物为主；中部偏北地区以化学原料和化学制品制造业废弃物为主；中部偏东地区受大气干湿沉降影响严重；西北部地区受重点污染企业影响较小。

5.5.3 地下水污染源–汇诊断技术

自组织映射神经网络竞争层选用的是 13×13 的神经网络，将全部指标以及监测井聚类结果映射到神经元上，各个特征映射到自组织神经网络上形成特征图谱。将特征图像以图片正中心为原点建立直角坐标系，神经元激活位置一致则说明指标正相关，反之则说明指标负相关。

各个水质指标特征的映射到自组织映射神经网络上的特征图谱如图 5-16 所示。

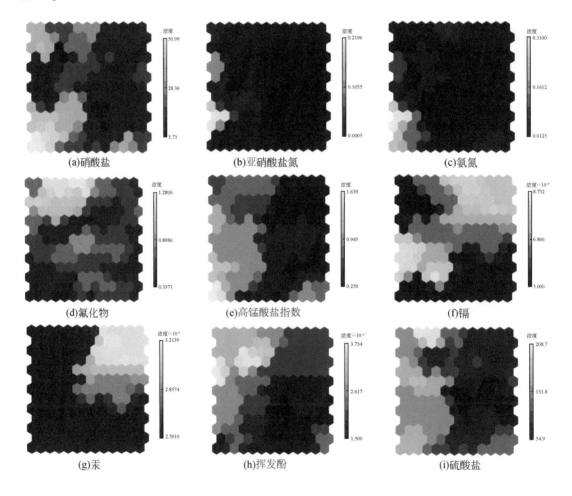

(a)硝酸盐　　　　　　(b)亚硝酸盐氮　　　　　　(c)氨氮

(d)氟化物　　　　　　(e)高锰酸盐指数　　　　　　(f)镉

(g)汞　　　　　　(h)挥发酚　　　　　　(i)硫酸盐

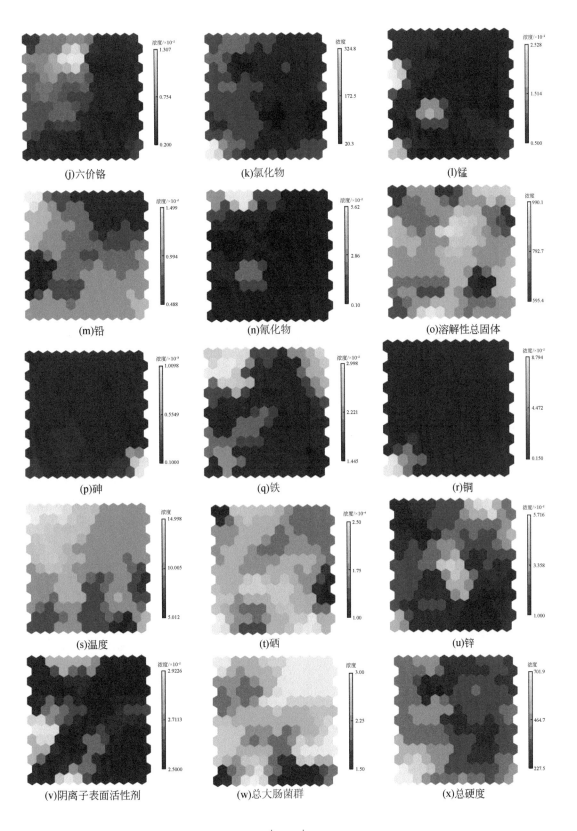

(j)六价铬

(k)氯化物

(l)锰

(m)铅

(n)氰化物

(o)溶解性总固体

(p)砷

(q)铁

(r)铜

(s)温度

(t)硒

(u)锌

(v)阴离子表面活性剂

(w)总大肠菌群

(x)总硬度

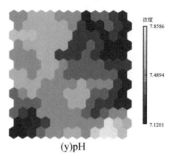

图 5-16　25 项指标特征图谱
单位：mg/L

对神经元距离进行分类可视化，得到图谱特征，其中颜色较深的神经元说明是类别的中心，较浅的说明是类别的界限（图 5-17）。

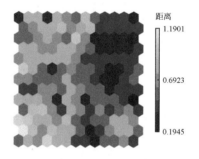

图 5-17　神经元距离示意

颜色较深的边说明是类别的边界，较浅的说明是类别的中心（图 5-18）。图 5-19 中数据表明的是 40 条数据映射到神经元上的位置。

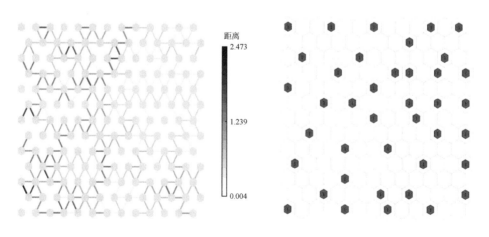

图 5-18　神经元类别界限　　　　图 5-19　监测点位映射位置示意

40 条数据可以分为三类: 类别 0, 以水源地为主的 14 个站点; 类别 1, 以农田为主的 11 个站点; 类别 2, 以化工厂为主的 15 个站点 (图 5-20)。据此, 认为: ①高锰酸盐指数、挥发酚、硫酸盐、六价铬、锰、氰化物的响应区域位于第二、第三象限, 并且和类别 2 特征图像吻合, 表明受到工业企业等人为活动的影响; ②六价铬和锰等重金属、挥发酚和氰化物的来源可能是研究区化工厂、水泥厂和钢铁厂等工业企业; ③重金属汞的响应区域位于第一象限, 并且和类别 2 特征图像吻合, 表明受到人为活动的影响, 可能与施肥、农药、生活废弃物等污染途径有关。

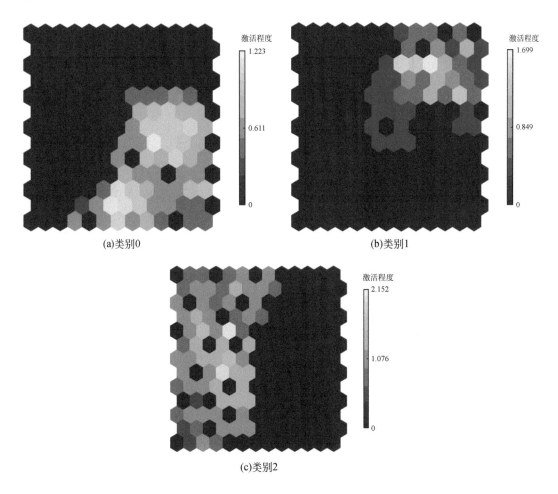

(a)类别0

(b)类别1

(c)类别2

图 5-20　类别 0、1、2 神经元响应示意

5.6 区域土壤污染与污染源空间关联分析方法

5.6.1 材料与方法

1. 基础数据

涉重金属重点行业企业数据（1278条）包括企业名称、经纬度、行政区划和行业类别。土壤污染数据（727条）包括经纬度、重金属含量（砷、镉、汞、铅、铬、铜、锌和镍）和样品深度（0~20cm）。土壤背景值数据（8条）包括重金属名称和含量（Wang et al., 2016），镉、汞、铅、铬、铜、锌和镍的上基线浓度（陈俊坚等，2011）。

2. 数据预处理

土壤特异值对变异函数具有显著影响，会造成模型参数错误，进而影响内插值精度和引起输出结果变形（汤国安等，2012）。本研究中，采用"平均值标准差"法识别特异值（刘付程等，2004），即土壤重金属样本平均值加减3倍标准差，在此区间以外的数据均定为特异值，然后分别采用正常的最大值和最小值代替特异值，进而保证内插值精度和防止输出结果变形。

3. 研究方法

（1）基于企业基础数据的重点行业企业空间分布

以研究区内1278家企业数据为基础，利用其经纬度坐标，在ArcGIS平台中对企业在空间上进行展布，分析企业的聚集离散程度和分布特征。

（2）基于土壤重金属数据的含量统计分析和相关性分析

基于《土壤环境质量 农用地土壤污染风险管控标准（试行）》（GB 15618—2018）中8种重金属（砷、镉、汞、铅、铬、铜、锌和镍）和研究区土壤污染实际，剔除异常值后，利用ArcGIS地统计分析扩展模块直方图获取最大值、最小值、中位数和平均值等土壤重金属统计指标，分析土壤重金属受人为活动影响程度。采用 SPSS 软件中的 Spearman 相关系数判断土壤重金属间的相关性。

（3）基于半方差函数和插值方法优化的土壤重金属污染空间分异

半方差函数是在区域化变量符合二阶平稳和本征假设前提下，描述区域化变量受结构因素和随机性因素影响程度的基本手段，多用于分析区域内的相关变量在空间上异质性程度强弱［式（5-21）］。

$$r(h) = \frac{1}{2N(h)} \sum_{i=1}^{N(h)} \left[Z(x_i) - Z(x_i + h) \right]^2 \tag{5-21}$$

式中，$r(h)$ 为半方差；h 为分隔成对点的滞后距离，称为步长；$N(h)$ 为由滞后距离 h 分隔的全部点的成对数量；$Z(x_i)$ 和 $Z(x_i+h)$ 分别为区域化变量 $Z(x)$ 在空间位置 x_i 和 x_i+h 的实测值，值得注意的是，半变异函数通常只计算点之间最大距离的一半。

在 GS+9.0 上采用指数模型、高斯函数、球体函数来拟合模型，以 R^2 最大和残差平方和（residual sum of squares，RSS）最小为原则选取最佳变异函数模型。本研究中，应用 ArcGIS 地统计分析扩展模块，对确定性插值（反距离权重法、径向基函数法、全局多项式法等）和克里金插值（普通克里金法、简单克里金法、协同克里金法等）分别进行交叉验证（精度验证方法），采用平均误差最接近于 0、RMSE 最小（优先考虑）的原则确定最优空间插值模型，对二者进行误差纵向比较，确定最优的插值方法。利用最优的插值方法进行插值分析土壤重金属污染的空间分异情况。

（4）基于插值方法的土壤重金属污染空间分布

1）普通克里金插值。普通克里金是基于对原始数据属于正态分布且对于任一点 (x, y) 均具有相同的期望和方差的假设，根据空间数据的分布特征确定其区域化变量权重的一种线性估计方法（李颜颜，2019）［式（5-22）］。

$$Z_v^*(x_0) = \sum_{i=1}^{n} \lambda_i Z(x_i) \tag{5-22}$$

式中，$Z(x_i)$ 为实测值；$Z_v^*(x_0)$ 为预测地块 V 的克里金估量的平均值，其目的为求得一组权重系数 λ_i。对于中心位置块段 V 平均值为

$$Z_v(x_0) = \frac{1}{v} \int Z(x) \, dx \tag{5-23}$$

普通克里金需要满足在无偏约束条件下使得其方差最小，引入拉格朗日乘数法求取相关的条件极值［式（5-24）］。

$$\sum_{i=1}^{n} \lambda_i = 1 \tag{5-24}$$

$$\sum_{i=1}^{n} \lambda_i \gamma(x_i, y_j) + \mu = \gamma(x_i, V) \quad (i = 1, 2, 3, 4, \cdots, n) \tag{5-25}$$

由式（5-23）和式（5-24）求取权重系数和拉格朗日乘数 μ，之后再求取其方差。

2）泛克里金插值。泛克里金与普通克里金具有相同的特点，但是其最大的不同就是每个变量处的数学期望存在漂移，是一种可以对研究区内区域变量进行无偏最优估计的一种线性方法（吴福仙等，2011）。

$$\overline{P}(x_0) = \sum_{j=1}^{m} \lambda_i P(x_j) \tag{5-26}$$

式中，$P(x_j)$ 为观测点 j 处的浓度值；λ_i 为权重系数；$P(x_0)$ 为有待预测的浓度值；$\overline{P}(x_0)$ 为 $P(x_0)$ 的无偏最优估计值。

3）反距离权重插值。反距离权重基于相近相似原理，即两个物体距离越近，特征越相似。它以插值点与样本点间的距离为权重进行加权平均，离插值点越近的样本点赋予的权重越大（陈思萱等，2015）。基于土壤重金属含量数据，在剔除背景值影响后，利用反距离权重进行重金属含量的空间插值预测，调整像元大小和搜索半径（点位和最大距离）2 个参数，获取拟合的最优插值结果，进而分析土壤重金属污染空间分布特征［式（5-27）和式（5-28）］。

$$z(s_0) = \sum_{i=1}^{N} \lambda_i z(s_i) \tag{5-27}$$

$$\lambda_i = \frac{d_{i0}^{-p}}{\sum_{i=1}^{N} d_{i0}^{-p}} \tag{5-28}$$

式中，$z(s_0)$ 为 s_0 处预测值；s_0 为预测点位；$z(s_i)$ 为 s_i 处测量值；s_i 为已知点位；N 为计算过程中要使用的预测点周围样点数；λ_i 为计算过程中使用的各样点权重（该值与样点和预测点的距离成反比）；d_{i0} 为预测点 s_0 与已知点 s_i 的距离；p 为指数值，用于控制权重值的降低。

4）径向基函数插值。径向基函数插值是对原始数据利用 5 种基本的样条函数（薄板样条函数、张力样条函数、规则样条函数、反高次曲面函数、高次曲面函数）以最小的曲率来拟合精确的插值曲面的一种插值方法，与反距离权重类似，但是可以弥补不在原始数据范围的变量值（马康，2016；孙慧等，2017）。

（5）基于双变量局部莫兰指数的土壤重金属污染与重点行业企业相关性

莫兰指数是用来检验空间变量与空间邻近空间变量相关性的常用指标之一，通常以全局和局部两个指标来度量。其中，双变量局部莫兰指数还可以反映自变量与因变量间的高低聚集关系，体现二者之间的协同作用（崔瀚文，2013；李翔，2018；于靖靖等，2020）。

本研究中，利用核密度法对企业在空间上进行量化（禹文豪和艾廷华，2015；崔晓杰等，2019；Jia et al.，2019）。利用径向基函数、泛克里金、反距离权重法对土壤重金属污染进行空间推测，将企业密度值与重金属污染分布值提取到相应区域的点文件中，并将其空间关联转化为覆盖研究区的 1km×1km 网格文件；随后以土壤重金属浓度为第一变量，重点行业的企业密度为第二变量，利用 GeoDa 平台进行双变量局部莫兰指数分析（徐周芳，2017；白永亮和杨扬，2019），对土壤重金属和重点行业企业的空间聚集性进行测算，并对结果进行显著性检验（5%）。在此基础上，进行土壤重金属污染与重点行业企业的相关关系分析。

$$I_{kl} = \frac{x_{ik} - m_k}{S_k^2} \sum_{j=1}^{n} w_{ij} \frac{x_{jl} - m_l}{S_l^2} \tag{5-29}$$

式中，x_{ik} 为空间单元 i 上 k 变量观测值；x_{jl} 为空间单元 j 上 l 变量观测值；m_k、m_l 为 k、l 变量观测值的平均值；w_{ij} 为空间权重矩阵；S_k^2、S_l^2 为 k、l 变量观测值的方差。I_{kl} 为正值表示高值（低值）被周边的高值（低值）包围；I_{kl} 为负值表示高值（低值）被周边的低值（高值）包围。

$$\rho(s) = \frac{1}{nr} \sum_{i=1}^{n} k\left(\frac{d_{is}}{r}\right) \tag{5-30}$$

式中，$\rho(s)$ 为企业密度；r 为搜索半径；n 为在 r 内的企业数量；d_{is} 为点 i 与点 s 的距离；k 为 d_{is} 的权值（由四次核函数定义）。

5.6.2 涉重金属重点行业企业空间分布

依据《国民经济行业分类》，研究区企业共涉及 12 个行业（大类）。根据各重点行业企业数据，由大至小排序的行业为化学原料和化学制品制造业>黑色金属冶炼和压延加工业>金属制品业>有色金属冶炼和压延加工业>皮革、毛皮、羽毛及其制品和制鞋业>生态保护和环境治理业>造纸和纸制品业>装卸搬运和仓储业>电气机械和器材制造业>公共设施管理业>有色金属矿采选业>黑色金属矿采选业（表 5-6），其中化学原料和化学制品制造业最多，占总企业数量的 27.23%；黑色金属冶炼和压延加工业、金属制品业、有色金属冶炼与压延加工业次之，分别占总企业数量的 20.11%、13.07%、11.74%。企业在研究区内呈现局部的聚集性，主要分布在 C 区域的东北部，E 区域的西南部以及 F、B 和 A 的部分区域也相对较为聚集，特别在 C 和 E 区域的边界处最为密集（图 5-21）。

表 5-6 重点行业分类结果

序号	大类行业名称	数量/家	占比/%
1	化学原料和化学制品制造业	348	27.23
2	黑色金属冶炼和压延加工业	257	20.11
3	金属制品业	167	13.07
4	有色金属冶炼和压延加工业	150	11.74
5	皮革、毛皮、羽毛及其制品和制鞋业	112	8.76
6	生态保护和环境治理业	63	4.93
7	造纸和纸制品业	58	4.54
8	装卸搬运和仓储业	41	3.21
9	电气机械和器材制造业	36	2.81
10	公共设施管理业	30	2.35
11	有色金属矿采选业	11	0.86
12	黑色金属矿采选业	5	0.39

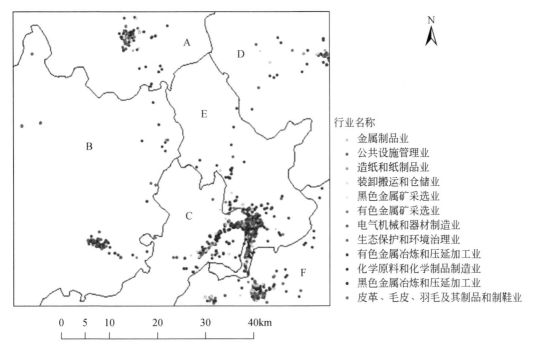

图 5-21　重点行业（大类）企业空间分布

5.6.3　涉重金属重点行业企业核密度分布

化学原料和化学制品制造业、黑色金属冶炼和压延加工业、金属制品业企业分布具有一定的相似性，主要分布在 F 区域、C 和 E 交界处，A、B、D 部分区域次之；皮革、毛皮、羽毛及其制品和制鞋业企业主要分布在 F 区域、C 与 E 交界处以及 A 区域；生态保护和环境治理业企业主要分布在 F 区域、C 的东部、C 与 E 交界处以及 B 区域；造纸和纸制品业企业在 C、E、F 区域成区片分布；其他行业企业主要分布在 C、E、F 区域以及 A 和 B 的部分区域（图 5-22）。各行业的核密度分布在空间上具有一定的相似性，企业聚集度相对较高的区域主要分布在 F 区域、C 和 E 交界处，且企业聚集性由大至小排序为黑色金属冶炼和压延加工业>化学原料和化学制品制造业>金属制品业>皮革、毛皮、羽毛及其制品和制鞋业>造纸和纸制品业>其他行业>生态保护和环境治理业。

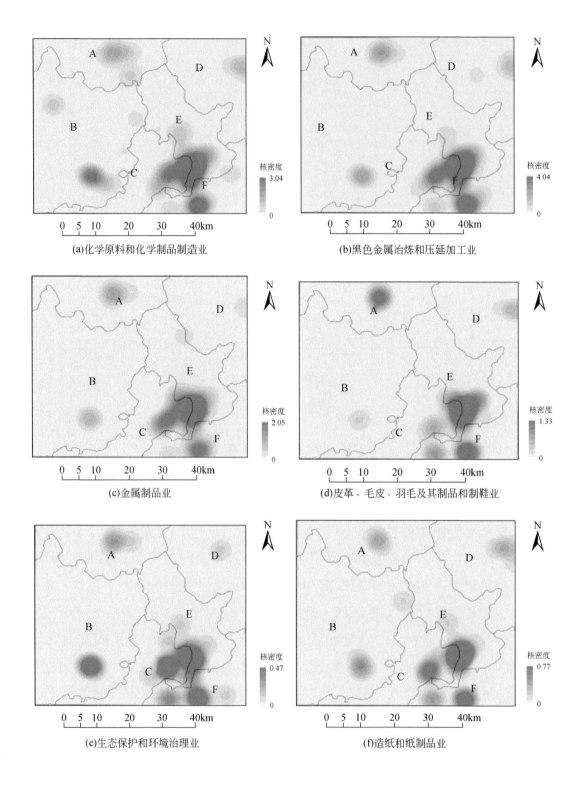

(a)化学原料和化学制品制造业

(b)黑色金属冶炼和压延加工业

(c)金属制品业

(d)皮革、毛皮、羽毛及其制品和制鞋业

(e)生态保护和环境治理业

(f)造纸和纸制品业

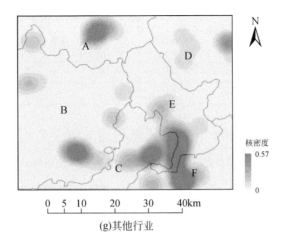

(g)其他行业

图 5-22 各重点行业企业核密度

5.6.4 土壤重金属含量统计性分析

研究区土壤重金属样点统计性分析、相关省份的背景值与上基线浓度对比情况见表 5-7。土壤 As、Cd、Cr、Cu、Hg、Ni、Pb、Zn 的平均含量分别为 25.56mg/kg、0.42mg/kg、64.85mg/kg、21.99mg/kg、0.18mg/kg、20.64mg/kg、53.67mg/kg、86.15mg/kg，其均值均大于对应的背景值，且土壤 As、Cd、Cr、Cu、Hg、Ni、Pb、Zn 的均值大于其对应的背景值，表明这些重金属可能受到人类活动的影响。相对来说，土壤 Cd 受人为活动影响最重，其均值为背景值的 4.5 倍；土壤 As、Hg 受人为活动影响较重，其均值分别为背景值的 2.9 倍、2.3 倍（表 5-7）。

表 5-7 土壤重金属统计性分析

重金属	最大值/(mg/kg)	中位数/(mg/kg)	平均值/(mg/kg)	标准差	变异系数/%	偏度	峰度	背景值/(mg/kg)	上基线浓度/(mg/kg)
As	141.11	15.24	25.56	29.60	115.8	3.63	6.93	8.9	—
Cd	1.79	0.28	0.42	0.41	97.6	3.10	4.01	0.094	0.13
Cr	148.23	63.50	64.85	26.73	41.2	0.48	0.64	56.53	87.0
Cu	55.16	20.49	21.99	10.08	45.8	1.12	1.80	17.65	28.7
Hg	0.88	0.13	0.18	0.16	88.9	3.73	8.47	0.078	0.15
Ni	56.25	18.85	20.64	11.01	53.3	1.11	1.42	14.4	23.5

重金属	最大值 /(mg/kg)	中位数 /(mg/kg)	平均值 /(mg/kg)	标准差	变异系数 /%	偏度	峰度	背景值 /(mg/kg)	上基线浓度 /(mg/kg)
Pb	245.00	38.06	53.67	46.44	86.5	3.70	7.43	36	57.6
Zn	301.53	70.32	86.15	56.84	66.0	3.30	5.64	47.91	77.8

变异系数可以弥补标准差判别其离散程度时需要考虑测量尺度和量纲影响的缺陷。土壤重金属变异系数排序为 As（115.8%）>Cd（97.6%）>Hg（88.9%）>Pb（86.5%）>Zn（66.0%）>Ni（53.3%）>Cu（45.8%）>Cr（41.2%），其中土壤 As 的变异系数大于100%（表5-7），属于强变异性，表明土壤 As 存在极高浓度，分布极不均匀，受外界影响剧烈；而土壤 Cd、Hg、Pb、Cr、Cu、Zn 和 Ni 7 种重金属变异系数均大于 10% 且小于 100%（表5-7），属于中等变异，表明其在一定程度上受人类活动的干扰。

峰度和偏度是衡量土壤重金属数据总体分布特征的两个统计性指标。峰度反映数据的平坦度。土壤 As（6.93）、Cd（4.01）、Cr（0.64）、Cu（1.80）、Hg（8.47）、Ni（1.42）、Pb（7.43）和 Zn（5.64）的峰度值较低（表5-7），说明这些重金属数据分布较为分散。偏度体现了数据的对称性，当偏度等于或者接近零时，说明数据服从或者近似服从正态分布，研究区的 8 种重金属的偏度均大于零（表5-7），表明数据均存在右偏的现象，说明有较多大于平均值的"异常值"存在。

8 种土壤重金属浓度的平均值和中位数均大于土壤背景值，且"小提琴"顶端均存在由细变粗的现象（图5-23），说明各重金属均具有大量的"极端值"存在，也能说明土壤 As、Cd、Cr、Cu、Hg、Ni、Pb、Zn 均受到不同程度的人为活动影响。

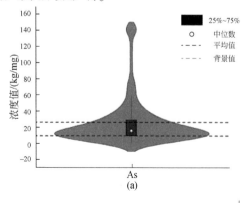

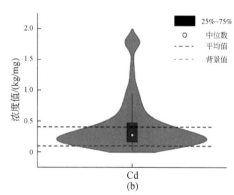

(a)　　　　　　　　　　　　　　　　　　　(b)

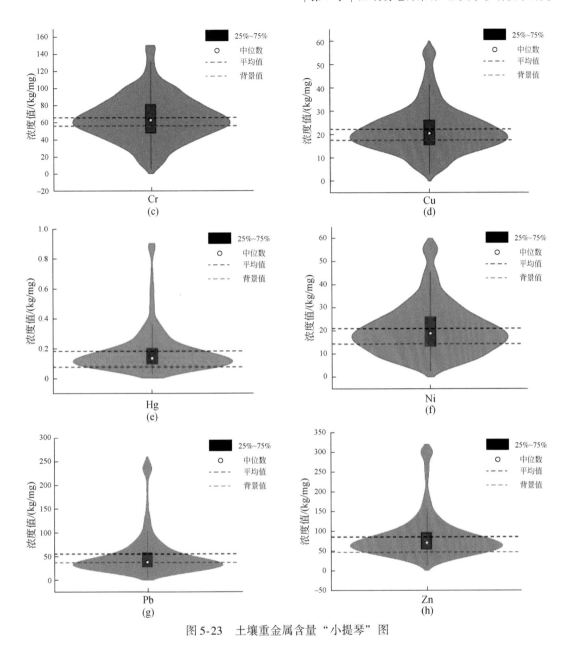

图 5-23　土壤重金属含量"小提琴"图

5.6.5　土壤重金属污染空间分异

(1) 半方差函数

土壤重金属污染空间分异受结构性因素（如地形地貌、土壤类型、母质、气候等）和随机性因素（如施肥、农药、生活污水、土地利用等）的影响，使得其浓度在空间上存在高度的空间异质性和分布连续性。半方差函数是反映土壤重金属空间异质性的一个重要指标，可以对空间变异和不同距离样点的特征进行解释。

表 5-8　土壤重金属半变异函数相关参数对比

重金属	最优模型	块金值（C_0）	基台值（C_0+C）	变程 /m	决定系数（R^2）	残差平方和（RSS）	$C_0/(C_0+C)$ /%
As	指数模型	0.323	0.901	8 400	0.941	3.39×10^{-2}	35.85
	球状模型	0.435	0.890	25 060	0.942	1.63×10^{-2}	48.88
	线性模型	0.594	0.973	40 634	0.668	9.36×10^{-2}	61.05
	高斯模型	0.446	0.894	11 000	0.926	1.68×10^{-2}	49.89
Cd	指数模型	0.269	0.668	5 610	0.993	6.40×10^{-4}	40.27
	球状模型	0.331	0.663	15 810	0.981	3.05×10^{-3}	49.92
	线性模型	0.509	0.720	40 634	0.633	3.36×10^{-2}	70.69
	高斯模型	0.331	0.663	6 610	0.963	5.97×10^{-3}	49.92
Cr	指数模型	0.110	0.271	17 090	0.986	3.39×10^{-4}	40.59
	球状模型	0.125	0.253	36 650	0.975	5.79×10^{-4}	49.41
	线性模型	0.146	0.273	40 634	0.908	3.15×10^{-3}	53.48
	高斯模型	0.128	0.258	17 030	0.953	1.85×10^{-3}	49.61
Cu	指数模型	0.123	0.246	15 970	0.977	3.22×10^{-4}	50.00
	球状模型	0.151	0.302	87 700	0.919	1.08×10^{-3}	50.00
	线性模型	0.023	0.026	40 634	0.437	1.61×10^{-3}	88.46
	高斯模型	0.004	0.245	1 650	0.694	8.76×10^{-3}	1.63
Hg	指数模型	0.225	0.451	5 700	0.972	8.78×10^{-4}	49.89
	球状模型	0.012	0.431	4 020	0.558	1.29×10^{-2}	2.78
	线性模型	0.360	0.480	40 634	0.657	9.98×10^{-3}	75.00
	高斯模型	0.057	0.432	2 040	0.578	1.23×10^{-2}	13.19
Ni	指数模型	0.1501	0.317	7 850	0.969	6.73×10^{-4}	47.35
	球状模型	0.157	0.315	20 120	0.937	2.00×10^{-3}	49.84
	线性模型	0.231	0.339	40 634	0.709	6.22×10^{-3}	68.14
	高斯模型	0.154	0.310	7 100	0.881	3.50×10^{-3}	49.68
Pb	指数模型	0.046	0.376	2 600	0.949	1.22×10^{-3}	12.23
	球状模型	0.188	0.377	11 110	0.944	1.29×10^{-3}	49.87
	线性模型	0.031	0.404	40 634	0.510	1.06×10^{-2}	7.67
	高斯模型	0.187	0.376	4 420	0.930	1.78×10^{-3}	49.73

续表

重金属	最优模型	块金值（C_0）	基台值（C_0+C）	变程 /m	决定系数（R^2）	残差平方和（RSS）	$C_0/(C_0+C)$ /%
Zn	指数模型	0.119	0.291	3 820	0.967	$3.76×10^{-4}$	40.89
	球状模型	0.011	0.283	4 110	0.667	$3.70×10^{-3}$	3.89
	线性模型	0.245	0.306	40 634	0.443	$6.19×10^{-3}$	80.07
	高斯模型	0.041	0.284	2 090	0.692	$3.45×10^{-3}$	14.44

从 R^2 和 RSS 来看，土壤重金属半变异函数除土壤 As 最优模型符合球状模型外，土壤 Cd、Cr、Cu、Hg、Ni、Pb、Zn 的最优模型均符合指数模型，且各重金属最优模型的 R^2 分别为 0.942、0.993、0.986、0.977、0.972、0.969、0.949、0.967，均大于 0.900 且 RSS 均接近于零（表 5-8），说明其实测值散点分布情况与半方差拟合的曲线契合度较高。同时，从图 5-24 可以看出，其拟合的效果较好。

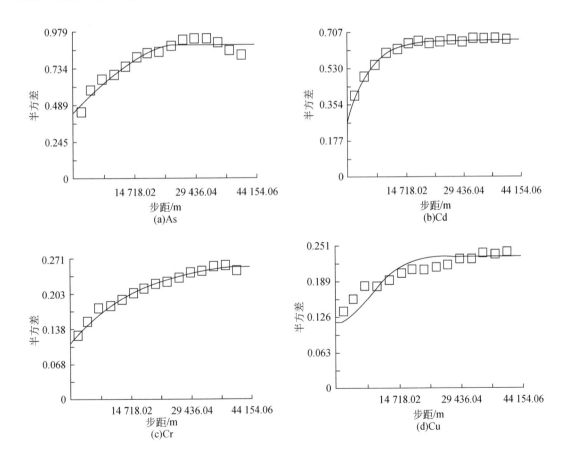

(a)As

(b)Cd

(c)Cr

(d)Cu

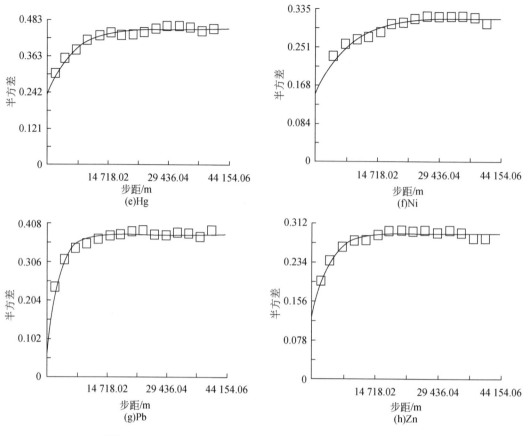

图 5-24 As、Cd、Hg、Pb、Cr、Cu、Zn、Ni 半方差模拟结果

（2）插值方法优化

土壤 As、Cr、Cu、Hg、Zn 的最佳空间插值模型为张力样条径向基函数法，土壤 Ni 的最佳空间插值模型为规则样条径向基函数法，土壤 Cd 的最佳空间插值模型为指数为 1 的反距离权重插值法，土壤 Pb 为去除 1 阶趋势效应泛克里金插值法（表 5-9）。

表 5-9　土壤重金属确定性空间插值和克里金空间插值比较

重金属	方法	模型	平均误差	均方根误差
As	普通克里金		−0.592	23.851
	径向基函数	张力样条	−0.197	23.238
Cd	普通克里金		0.002	0.311
	反距离权重	1	0.003	0.309
Cr	简单克里金		0.548	21.794
	径向基函数	张力样条	0.141	21.262

重金属	方法	模型	平均误差	均方根误差
Cu	泛克里金	1	−0.009	8.598
	径向基函数	张力样条	0.013	8.412
Hg	普通克里金	1	−0.003	0.134
	径向基函数	张力样条	0.002	0.130
Ni	普通克里金	1	0.128	9.235
	径向基函数	规则样条	−0.008	9.110
Pb	泛克里金	去除1阶趋势效应	−1.126	37.108
	径向基函数	张力样条	−0.131	37.806
Zn	泛克里金	常数	−0.570	46.400
	径向基函数	张力样条	0.330	46.009

(3) 土壤重金属污染空间分异分析

土壤 As 的高值区域在空间分布具有明显的局部性，主要分布在 C 区域的北部，在 B 区域的部分区域和 A 的西部区域也具有高值存在，然而在研究区的东北部及西南部高值较少。土壤 Cr、Ni、Cu 的高值区域在研究区中分布具有一定的相似性，且在空间上分布较为广泛，主要分布在 C、F 及 B 的部分区域（图 5-25）。

土壤 Hg、Pb、Zn、Cd 的高值在空间上分布具有一定的相似性，主要分布在 C、E、F 区域，在其他区域内也有高值聚集现象，且在 C、F 区域表现较为突出，研究区的中东部和西南部污染较小（图 5-26）。总的来看，研究区的各重金属在中东部和西南部均污染较小，且污染浓度的较高区域具有一定的区域性。

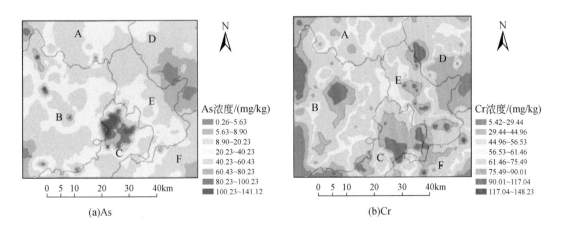

(a)As   (b)Cr

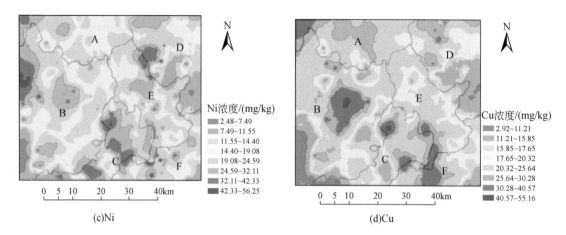

图 5-25　土壤 As、Cr、Ni、Cu 空间异质性分布

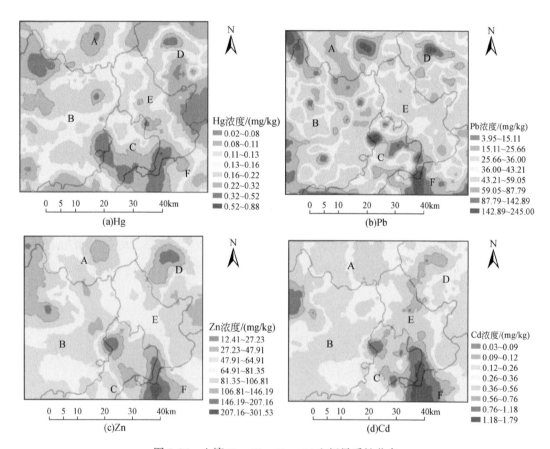

图 5-26　土壤 Hg、Pb、Zn、Cd 空间异质性分布

5.6.6 土壤重金属污染与重点行业企业空间分布关联关系

As、Cd、Hg 与化学原料和化学制品制造业企业、黑色金属冶炼和压延加工业企业、金属制品业企业的"高-高"聚集区域表现为较强的区域性，主要分布在 C、E、F 3 个区域，A 区域次之（图 5-27），表明这些区域污染企业密度较高，污染比较严重，快速发展的经济已经对土壤生态环境造成一定的破坏和影响。"低-低"聚集区域主要分布在研究区东部以及 B、A、D 区域（图 5-27），表明这些区域内污染企业密度低，污染较轻，受人为活动的影响较小，对此区域应做好土壤优先保护。土壤 As、Hg 与各重点行业企业的"高-低"聚集区域主要分布在 B 区域，Cd 与各重点行业企业的"高-低"聚集区域分布较为分散（图 5-27），表明这些区域内企业密度较低，而污染却很严重，推测存在其他污染源，如农药化肥的施用，对此区域应开展农业源、生活源等污染源排查整治。"低-高"聚集区域主要分布在 B 区域以及"高-高"聚集区域的边缘部分（图 5-27），表明这些区域企业密度高，污染不明显，然而随着企业聚集在空间上的外溢作用、重金属的累积作用以及时间的推移，其可能成为污染快速增加区域，需做好土壤污染源头预防。综上，土壤 As、Cd 和 Hg 污染在研究区的东南部受企业影响显著，在企业聚集区域重金属浓度较高，且在各个聚集区土壤重金属污染与不同重点行业企业的相关关系在空间上具有一定的相似性。

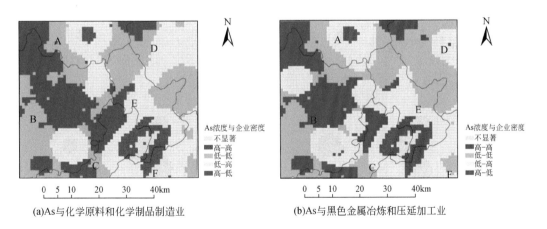

(a)As与化学原料和化学制品制造业　　(b)As与黑色金属冶炼和压延加工业

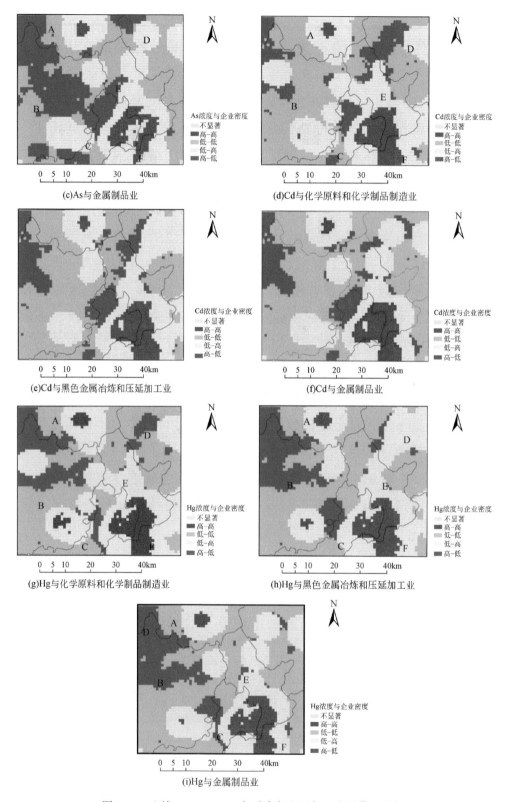

图 5-27　土壤 As、Cd、Hg 与重点行业局部双变量莫兰指数

5.7 区域场地污染时空过程三维动态仿真模拟技术

5.7.1 理论基础

1. 三维建模技术

点、线、曲面、交线、块体、网格等构成三维地质模型的基本几何图元，三维模型的属性信息都包含在这些基本的几何图元中。国内外许多学者提出了很多复杂地质体三维建模的算法，这些算法主要包括基于体模型、面模型和轮廓线模型的建模方法。

（1）基于体模型的建模方法

体模型的基本结构是一系列体元，基于体模型的建模方法的主要思想是将三维地质体进行分割，将三维地质体分割成一系列的小体元，之后将这些小体元按照一定的拓扑关系进行拼接组合，以此对地质体进行表达。基于体模型的建模方法主要缺点有计算速度慢和存储空间大等。目前基于体模型的建模方法也多种多样，主要有四面体格网建模、八叉树建模等。

四面体格网建模的数据结构模型是一个三维矢量，在对 3D 空间对象进行描述时使用的是面向单纯形的方法，其主要思想是将空间中的散点进行剖分，从而形成一系列四面体，而剖分成的一系列四面体必须是连续且不重叠的不规则四面体，之后对三维空间实体采用一系列四面体作为基本的体素进行描述。

八叉树建模是一种将三维栅格建模进行改进的方法，其主要思想是使用树形结构对一个物体进行分级描述。使用八叉树建模法进行建模时，首先应该对形体定义一个外接立方体，之后将定义的外接立方体分解成八个子立方体，最好需要根据八个子立方体单元中的属性值判断是否将子立方体继续分解。具体判断方法是：若是子立方体单元中属性值一致，则停止分解；若是子立方体单元中属性值不一致，则继续分解。该方法的不足之处是难以进行几何变换。

（2）基于面模型的建模方法

基于面模型的建模方法是目前三维地质建模中比较常用的方法，其主要思想是将对三维地质体表面的表示作为重点，用曲面来对三维地质块体进行表达，所以该建模方法比较灵活简单。常用的基于面模型的建模方法也多种多样，主要的方法有不规则三角网模型、边界表示模型、线框模型等。

不规则三角网模型：该建模方法按照一定的规则对已知散点进行三角化，使得这些散点形成不规则的三角面片，这些不规则的三角面片连续且不重叠，可用于描述地质体的表面。该模型可应用于几乎任何复杂的表面，所以在基于面模型的建模方法方面得到了广泛应用。

边界表示模型：将地质体的位置和形状定义为点、线和面。它详细记录组成地质体的所有几何元素及其相互关系的信息，从而可以形成复杂的地质体。边界表示模型在描述相对简单的三维体时效果很好，但在表达不规则的地质体时效率不高。

线框模型：该建模方法是目前构建复杂三维实体的常用方法，其是将曲面上的点与直线连接起来形成一系列多边形并将它们缝合在一起形成多边形网格。通过拼接多边形网格来模拟地质边界。

（3）轮廓线建模方法

复杂地质体建模有许多方法，归纳起来主要有 3 个步骤：①根据收集到的钻孔数据、剖面数据和地震数据构造空间中的地质面三角网。一些学者提出了基于多源地质数据的建模思想，将各种地质数据融合起来形成了地质源数据。②基于这些离散的地质源数据构建几何、拓扑一致的面模型。③使用面模型构建三维地质体模型。

在复杂地质体建模的 3 个步骤中，难点和关键点是第二步，其工作成败直接影响最终的块体模型是否能成功构建。基于这一特点，目前对地质体建模大多采用轮廓线法构建地质模型。根据地质体的地质剖面数据建立三维模型的主要过程是对相邻的剖面所在平面上的轮廓线通过一定的规则进行连接生成三角面片，再将三角面片进行连接以此来表示。曲面轮廓线建模的基本思想是用互相不重叠、彼此不相交的一系列三角面片将相邻剖面轮廓线连接起来。

P、Q 分别是上、下两轮廓线，则上、下两轮廓线节点分别为 P_i（1，2，3，…，m）和 Q_j（$j=1$，2，3，…，n）。三角面片必须满足以下条件：所有三角面片的顶点至少有一个是 P_i，有一个是 Q_j；三角面片之间如果存在相交的情况，则交线必为 P_iQ_j；轮廓线上的每一条线段只属于一个三角面片；边 P_iQ_j

必须属于相邻的三角面片（图 5-28）。

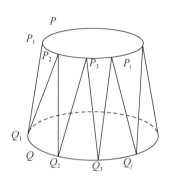

图 5-28 轮廓线连接示意

基于轮廓线的地质建模方法包括两个重要的步骤，分别是拓扑重构和几何重构。其中，拓扑重构主要是对剖面所在平面上的轮廓线进行分类标号，用于建立剖面实体间的拓扑关系，可以确定每一条轮廓线与剖面实体之间的从属关系，从而保证几何重构的正确性。

在轮廓线重构地质体算法中，通常使用分类图来对轮廓线进行分类，分类图的每一个顶点对应一条轮廓线，分类图的边连接的是相邻剖面所在平面上的两条轮廓线。如果一个实体可以用一个分类图进行描述，则判断该实体有效。当然，对于一些剖面上的一组轮廓线，通常可以有多个分类图。所以，并非所有的分类图都有效。要获取有效的分类图，首先，基于相邻剖面的嵌套结果，分析各剖面上轮廓线数目的变化情况；其次，列举出所有可能的有效分类图；最后，根据相邻剖面的轮廓线具有相似的特性排除无意义的分类图。

2. 三维可视化技术

（1）GIS 地形数据的三维可视化

通常通过坐标、高程等数字或图片、影像等描述地形的变化，但是这些只是一维或二维的表现形式，而现实世界涉及三维甚至更高维度。为更逼真地展示三维地形的场景，一般采用的是一种基于空间信息技术的三维建模方法生成三维地形，这种方法充分利用了测绘学科摄影测量与遥感方向的数据采集和处理的产物，如遥感影像数据、激光扫描数据、数字高程模型数据、数字正射影像数据等，将真实的地形数据与航拍或卫星拍摄的遥感纹理图像数据相配合，通过数字地面模型生成具有真实感的地形模型。虚拟现实建立虚拟环境需要采用这种方法，利用高精度的数字正射影像数据和数字高程模型数据建立三维数字地形基础，生成逼真的三维地形场景，在此基础上，通过其他方式展示大区域的三维虚拟仿真场景。

（2）GIS 地物数据的可视化

随着 GIS 的迅速发展，三维建模技术的应用也越来越广泛。三维建模技术思路是根据三维空间信息构造立体的几何模型，利用相关的三维建模工具或编程技术对其进行操作处理，得到研究对象的三维空间信息，利用相应的算法获得三维物体的形状、尺寸和坐标位置等几何属性，生成模型精确的图形显示效果。GIS 地物数据的可视化通常使用三维建模技术实现，一般分为三种：第一种是基于某些 GIS 平台的三维模型解析方式，对一些建筑物或其他地物可以通过某些 GIS 开发平台，如 Cesium、ArcGIS 等，利用对特殊三维文件格式的加载并解析的能力直接对表现简单的建筑物或其他地物进行载入或实时绘制；第二种是基于虚拟现实技术的三维建模方法，其主要思路是利用部分测绘资源建立独立的道路系统、建筑物模型和其他景观模型，将对象模型逐渐细化成更小的单元，最终贴图形成逼真的三维模型；第三种是基于文法规则的三维建模，文法规则定义三维模型的拓扑关系和属性信息，文法规则的编写决定三维模型的生成过程，其特点是应用在规则的建筑物，根据文法规则语言实现快速高效的三维建模，而相对于一些不规则的模型，则不适用此方法。

（3）地理时空数据的可视化

用来可视化的数据可以根据不同维度属性分为一维数据、二维数据、三维数据、多维数据、层次数据、网络数据等。其中，多维数据是指具有多个维度属性的数据变量。时空数据是有地理位置与时间标签的数据。通常情况下，使用时间和空间来描述事物，地理时空数据既是多维数据又是时空数据，其中包括表示地理空间位置的坐标 (x, y, z)，还包括时间信息和属性信息等，表现的是时间与地理数据的内在关系。为真切地表达这种内在的关联关系，可以根据此类数据在地理空间位置上固定不变、所表达的信息随时间而改变的特征，采用顺序播放动画的方式对这类数据进行可视化，即地理时空数据的可视化。这种可视化的方式称为时间事件流方式，这种堆叠式的可视化方式能够显示大量数据，而且还能对比多时间序列的变化，使得数据表现形式变得有层次感。

3. Cesium 开源三维 GIS 平台

Cesium 为一种高效的地理信息展示系统，是一个基于 WebGL 的地图引擎，用于在 Web 浏览器上创建 3D 地球的 JavaScript 地图引擎。Cesium 支持 3D、2D、3.5D 形式的地图展示。Cesium 中所用到的模型可分为两类，其中一类为代码编译形成；另一类为模型导入形成，需要将建成的模型转换成 JSON 模式或者 3DTiles 格式，之后上传到 Cesium 的服务器中，利用 JavaScript 为编译语句对重金属污染扩散过程进行编程，进而可以比较好地模拟场地污染扩散效果。

（1）Cesium 架构分析

Cesium 作为一款借助 WebGL 技术实现的开源三维虚拟地球引擎，旨在提供强大的地图数据可视化能力及相关编辑操作功能，主要特点包括免插件，只需浏览器支持 WebGL；编程语言是 JavaScript，内部集成了一部分常用的前端 JavaScript 框架；对动态数据支持友好，且能够运行于不同的浏览器、操作系统；底层包含 AJAX 功能，当地理空间数据过大时，能够实现异步请求；对 OGC 的 WMS、WFS 等规范兼容性好，能够远程请求服务器地图数据，并在浏览器中进行可视化表达。Cesium 的体系按层级划分，主要有 Primitives、Scene、Renderer 三层。

Primitives 层：Cesium 中的基础要素类，三维地球场景所包含的所有要素的抽象，包括 Globe 虚拟地球体。Globe 由空间数据组成，Cesium 内部地形数据源与影像数据源为 TerrainProvider 和 ImageryProvider，远程服务器中数据源为以四叉树结构组织的地形瓦片和影像瓦片，两者通过网络请求进行连接。多层影像可以进行叠加，采用图层组 ImageryLayers 进行管理。Model，三维模型数据被单独处理，以 GLTF 格式进行表达。模型由几何信息与材质信息构成，同时也支持动画和蒙皮效果。Primitive，Cesium 底层的几何体要素集合既包括简单的点、线、面几何元素，也包括复杂的球体、圆柱体、立方体、墙体等三维体，还包括注记类的 label、billboard 等可视化要素。每一个 Primitive 由两部分构成，其中 geometry 表示其几何信息，appearance 表示其样式材质属性。视口四边形，代表 Cesium 的渲染视口区域，该场景要素与三维坐标系场景彼此无关。在视口中的显示位置基于屏幕坐标，可以在视口中显示文字信息等。

Scene 层：使用 Camera 进行场景以及场景中的要素管理。Cesium 逐帧进行渲染，Scene 也按此顺序进行裁剪、排序以及确定最后要绘制的画面。

Renderer 层：该层对 WebGL 进行高层次的封装，与直接调用不同，其更加简洁方便。通过该层的处理，WebGL 可以获取三维地球场景中各种信息，并调用自身相关方法进行可视化渲染。

（2）Cesium 特征

Cesium 不仅包含 WebGL 所共有的优点，还有如下自身特性。

支持多视图：Cesium 支持三种视图模型。三维视图模式下，Cesium 以三维透视投影方式展示虚拟地球，通过 SceneMode. Scen3D 进行设置；二维视图模式下，Cesium 以二维正交投影方式进行地图展示，通过 SceneMode. Scen2D 进行设置；哥伦布视图模式下，Cesium 以 3.5 维的透视投影方式进行地图展示，通过 SceneMode_ COLUMBUS_ View 进行设置。

支持多地图投影：Cesium 内部支持两种地图投影类型。一种是经纬度投影，用经纬度乘以地球椭球体长轴，然后线性映射到 X、Y 轴上。另一种为 Web 墨卡托投影类型，大部分地图服务如 Google Map、Bing Map、ArcGIS Online 均采用这种类型的地图投影，该特性使 Cesium 能加载互联网中大部分地图资源。

支持多种影像数据服务：针对 ArcGIS Server、Bing Map、Google Map 等数据源地图瓦片，Cesium 自身进行了封装。同时，Cesium 也支持符合 OGC 规范的地图数据服务，如瓦片地图服务（tile map service，TMS）、Web 地图服务（web map service，WMS）、Web 地图瓦片服务（web map tile service，WMTS）等，还支持用户自己发布的瓦片服务。

支持多种类型空间要素、矢量数据源：Cesium 支持空间要素种类广泛。无论是基本的点、线、面，还是复杂的立面体、椭球体、圆柱体，Cesium 都能对其进行可视化，并且能让用户为其添加材质特效。Cesium 同时也支持如 KML、TopoJSON、GeoJSON 等矢量数据的可视化。

支持 4D 数据：Cesium 支持包含时间信息的空间数据，从而能够完成对时间场景的可视化。CZML 是 Cesium 提出的一种 JSON 数据格式的子集，能够用来描述空间要素随时间变化的特征。再由 CzmlDataSource 类的实例化，完成

CZML 数据的可视化。

支持全球范围的地形数据：基于高度图的地形数据和 STK 高精度地形数据均能被 Cesium 很好的可视化表达。在此基础上，Cesium 进行海洋河流、地形光照的效果显示，同时也提供整个地球范围内的 STK 地形服务。

5.7.2　基于 ArcGIS 的三维污染扩散模型构建

利用 ArcGIS 建立地形信息：首先，建立文件类型为 shp 的模型，其数据由 ArcCatlog 导入，生成一系列点数据；其次，通过 ArcMap 对生成的点数据进行处理；最后，利用 ArcScene 中根据地区的高程信息对生成的模型进行拉伸，形成三维地形数据。其他三维数据通过 3DMax 建模后导入 ArcScene。

ArcScene 中包含点、线、面数据。其中点模型为土壤采样点；二维模型为研究区线模型、河流模型、湖泊模型、铁路模型、公路模型、三维底面模型、区域数字高程模型；三维模型为矩形区域边界模型、三大类型企业房屋模型、矩形卫星模型（tif 拉伸）、风向模型、污染模型、地下渗透模型。

（1）　基于点模型以及二维矢量模型构建

建立研究区污染过程三维模拟图，需要分别建立点模型、线模型、面模型及三维模型，多个模型同时表达，才能展示出一个完整的三维污染扩散模型。

研究区基于点模型以及二维矢量模型建模过程如图 5-29 所示。利用收集的研究区点位经纬度信息，经过 ArcCatalog 建模后将点位信息转换成线［图 5-29（a）］；之后采用相同方法，将河流［图 5-29（b）］、公路［图 5-29（c）］、铁路［图 5-29（d）］以及研究区三大涉污企业［图 5-29（e）］添加到 ArcMap 中。其中，研究区三大涉污企业包括制造业、采选业及电力热力企业。

（2）　场地实体模型构建

在研究区土壤污染三维模型中，无法进行二维图像拉伸的模型，则需要通过建立 3DMax 进行三维模型后导入 ArcScene 中。其中，风向信息［图 5-30（a）］、污染扩散信息［图 5-30（b）］及房屋模型信息［图 5-30（c）］为 3D 模型导入。

三维复杂模型中具有多个相同几何形状、相同属性但位置不同的物体时，可采用实例化技术。实例化技术是图形学里为提高计算机的运行速度而采用的

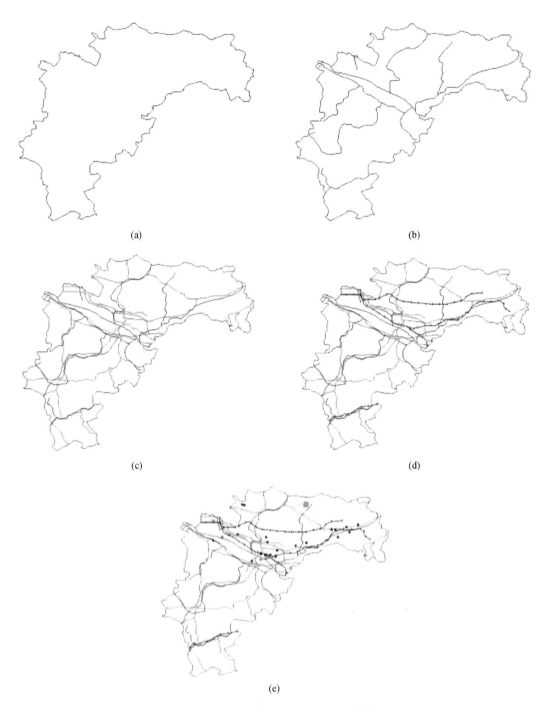

图 5-29　研究区点模型及二维矢量模型建模过程

一种算法。对三维复杂模型，当构造多个相同几何形状、相同属性的物体时，如果采用正常的复制手段，每增加一个物体，多边形的数量就增加一倍，而采

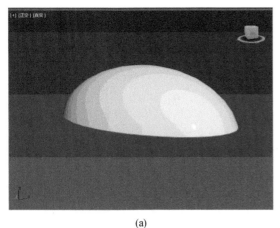
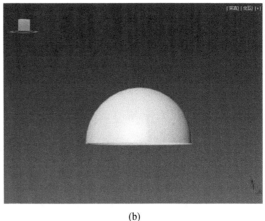

(a)　　　　　　　　　　　　　　(b)

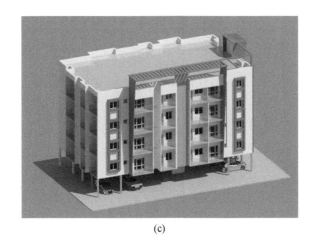

(c)

图 5-30　场地实体模型构建

用实例化技术，能够在增加同类物体数量时不增加多边形数量，从而节省内存空间；而且，若要对构建的这些实例模型进行修改，则只要修改其中的任何一个模型，其余的实例模型也同步进行改变，这样的处理能够加快建模编辑的速度。使用实例化技术显示模型的实质是对内存中原始模型进行坐标平移、比例、旋转变换。实例化技术的处理方法为矩阵变换。三维空间中物体的几何变换矩阵通过平移、旋转、缩放可以表示为统一的矩阵形式［式（5-31）］。

$$T_{3D} = \begin{bmatrix} a_{11} & a_{12} & a_{13} & a_{14} \\ a_{21} & a_{22} & a_{23} & a_{24} \\ a_{31} & a_{32} & a_{33} & a_{34} \\ a_{41} & a_{42} & a_{43} & a_{44} \end{bmatrix} \quad (5\text{-}31)$$

T_{3D} 从变换功能上被分为 4 个子矩阵，其中 $\begin{bmatrix} a_{11} & a_{12} & a_{13} \\ a_{21} & a_{22} & a_{23} \\ a_{31} & a_{32} & a_{33} \end{bmatrix}$ 产生比例、旋转

等几何变换，$\begin{bmatrix} a_{14} & a_{24} & a_{34} \end{bmatrix}$ 产生平移变换，$\begin{bmatrix} a_{41} & a_{42} & a_{43} \end{bmatrix}$ 产生投影变换，$\begin{bmatrix} a_{44} \end{bmatrix}$ 产生整体比例变换。

（3）重金属在土壤–地下水中的迁移模型构建

土壤中污染物向下迁移主要依靠溶质迁移扩散，存在的微弱侧向流动可忽略。在非饱和区域内，土壤水分运动方程在一维垂直方向上可表示为

$$\frac{\partial \theta}{\partial t} = \frac{\partial}{\partial y}\left[D(\theta)\frac{\partial \theta}{\partial y} \right] \pm \frac{\partial[K(\theta)]}{\partial t} \tag{5-32}$$

式中，$K(\theta)$ 为土壤水在非饱和情况下的导水率；$D(\theta)$ 为土壤水在非饱和情况下的扩散率，$D(\theta) = \dfrac{K(\theta)}{C(\theta)}$，$C(\theta)$ 为比水容重；t 为时间；y 为空间内垂向坐标；θ 为土壤饱和含水率。

根据 Richard 方程可将水流控制方程转述为

$$\frac{\partial \theta}{\partial t} = \frac{\partial}{\partial z}\left[K\left(\frac{\partial h}{\partial z} + \cos\alpha\right) \right] - S \tag{5-33}$$

式中，h 为压力水头（cm）；θ 为土壤的体积含水率（cm³/cm³）；t 为时间（d）；z 为垂直方向上的空间坐标单位，向上为（cm）；α 为流体流动方向与纵坐标方向的夹角（°）；S 为体积下渗率 [cm³/(cm³·d)]；K 为土壤非饱和导水率（cm/d）。

土壤水分特征曲线和土壤的导水率函数均使用 van Genuchten 模型进行表述 [式（5-34）～式（5-36）]。

$$\theta(h) = \theta_r + \frac{\theta_s - \theta_r}{[1 + |\alpha h|^n]^m} \quad h < 0 \tag{5-34}$$

$$\theta(h) = \theta_s \quad h \geqslant 0$$

$$k(h) = K_s S_e^l \left[(1 - S_e^{\frac{1}{m}})^m \right]^2 \tag{5-35}$$

$$m = 1 - \frac{1}{n} \quad n > 1 \tag{5-36}$$

式（5-34）~式（5-36）涉及五个不同且相互独立的用来描述土壤特性的参数，分别是 θ_s、θ_r、α、n、l。在土壤的导水率函数中所含的 l 为土壤孔隙间的连接性，一般取值为 0.5；θ_s 为土壤饱和含水率；θ_r 为土壤滞留含水率；K_s 为土壤饱和导水率；α 为进气吸力的倒数；n 为土壤中孔隙体积大小分布的指数。

土壤中溶质的迁移扩散主要受对流作用和弥散作用的影响，因此溶质的迁移运动在模型中采用对流–弥散方程表述［式（5-37）］（图 5-31）。

$$\frac{\partial(\theta c)}{\partial t}=\frac{\partial}{\partial x}\left(D_{ij}\frac{\partial c}{\partial x}\right)+\frac{\partial}{\partial y}\left(D_{ij}\frac{\partial c}{\partial y}\right)+\frac{\partial}{\partial z}\left(D_{ij}\frac{\partial c}{\partial z}\right)-\frac{\partial(q_i\theta)}{\partial z} \tag{5-37}$$

式中，c 为溶质的浓度（g/L）；q_i 为水流量通量（cm/h）；D_{ij} 为溶质的扩散度（cm²/h）。

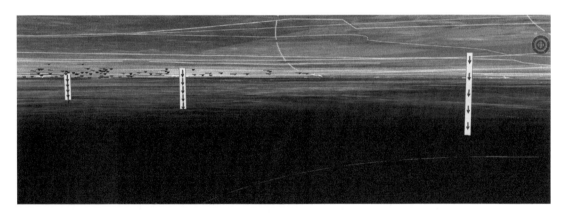

图 5-31　土壤–地下水中的迁移模型

5.7.3　基于 GeoServer 发布 WMS

WMS：利用具有地理空间位置信息的数据制作地图，其中将地图定义为地理数据的可视化表现，能够根据用户的请求返回相应的地图，包括 PNG、GIF、JPEG 等栅格形式，或者 SVG 或者 Web CGM 等矢量形式。WMS 支持超文本传送协议（hypertext transfer protocol，HTTP），所支持的操作由 URL 决定。

GeoServer 开源，允许用户查看和编辑地理数据，能够发布的数据类型包括地图和影像服务——应用 WMS、实时数据——应用 WFS。其中，利用 WMS 将地理空间位置信息的数据制作为地图，作为地理数据可视的表现（图 5-32）。

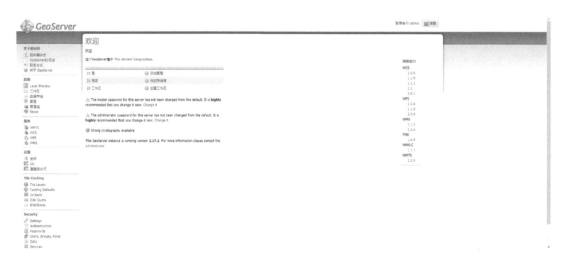

图 5-32　GeoServer 应用界面展示

核密度分析用于计算每个输出栅格像元周围的点要素密度。概念上，每个点上方均覆盖一个平滑曲面。点所在位置处表面值最高，随着与点的距离的增大表面值逐渐减小，在与点的距离等于搜索半径的位置处表面值为零。通过土壤重金属含量相关信息制作出土壤重金属污染的核密度图（图 5-33）。因在 Cesium 中无法直接制作核密度图，通过 GeoServer 服务器调用核密度图。

当 Cesium 调用 GeoServer 发布的 WMS 时，所添加的数据为 shp 数据；更改 shp 数据的属性后再进行 WMS 的发布；之后，再利用 Cesium 调用。图 5-33 为重金属 Zn 核密度图（文件类型为 shp），图 5-34 为经修改属性后且上传服务器的核密度图（重金属 Zn）。

5.7.4　基于 Cesium 的场地污染扩散模拟方法研制

1. 场地污染扩散构建

（1）土壤重金属污染扩散模型

任何物质传播都是一种扩散问题，而扩散就是污染源向四周缓慢传播的过

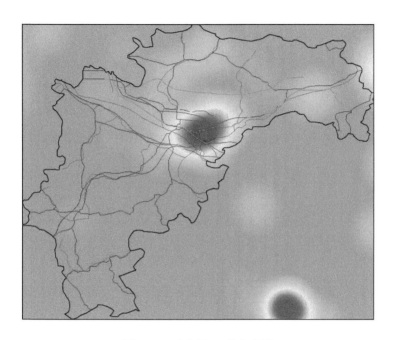

图 5-33　重金属 Zn 核密度图

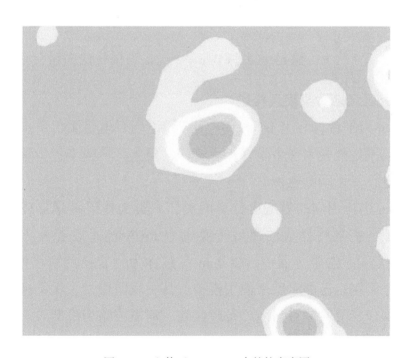

图 5-34　上传至 GeoServer 中的核密度图

程。扩散的原因有两种：一是由分子热运动导致，二是物质受到重力作用，使得地势较低的地方容易沉积更多的重金属元素。首先，要确定污染源的所在小区域 D；其次，在 D 中精确污染源所在的位置。由于实际生活中地形不是连续曲面，几乎不可能用函数解析表达，但是范围缩小后可以近似地将 D 看作单连通区域上的连续曲面。对于第一种扩散原因，可以使用 Δu 来刻画；对于第二种扩散原因，由于坡度不同，扩散速度不同，可以使用 grad（梯度）来刻画。刻画时作出如下规定：初始时刻（即 $t=0$ 时），所有的污染物集中于污染源；采用封闭边界的 Neumann 边值及广泛应用的 δ 函数初值，得到扩散方程，见式（5-38）。

$$\begin{cases} u_t = d\Delta u, (x,y) \\ u(0,x,y) = m\delta_a(x-a,y-b), (x,y) \in D \\ \dfrac{\partial u}{\partial \boldsymbol{n}}(t,x,y) = 0, t>0, (x,y) \in \partial D \end{cases} \tag{5-38}$$

式中，d 为扩散系数；m 为污染物总量；Δ 为拉普拉斯算子；$d = -k\dfrac{\text{grad} \cdot \boldsymbol{e}_3}{|\text{grad}| \cdot |\boldsymbol{e}_3|}$，$\boldsymbol{e}_3$ 为竖直方向向量，$\boldsymbol{e}_3 = (0,0,1)$，grad 为梯度，$k$ 只与金属元素本身有关；如果 D 足够小，可以认为其是常数。δ_a 函数定义为

$$\delta_a(x) = \begin{cases} \infty, & x = (a,b) \\ 0, & x \neq (a,b) \end{cases}, \text{满足} \int_{R^2} \delta_a(x)\,\mathrm{d}x = 1。\boldsymbol{n} \text{ 为单位法向量。}$$

（2）研究区场地污染模型构建

以 Cesium 为平台，利用 JavaScript 为编译语句对重金属污染扩散过程进行编程。污染模拟过程分为两个步骤：步骤一，建立区域模型；步骤二，对重金属扩散过程进行三维动画模拟。

在 Cesium 中所用到的模型可分为两类，一类为代码编译形成；另一类为模型导入形成，需要将建成的模型转换成为 JSON 模式或者为 3DTiles 格式，之后上传到 Cesium 的服务器中，Cesium 将其称为"自己的资产"，后续在代码中可以通过调用自己的令牌来使用模型。其中风向模型、污染模型以及涉污企业标签为编译形成；三维房屋、行政区线、河流公路为模型导入。

以风向为例，利用代码编译出风向所在坐标，风向大小、扩散范围、透明度，之后在 Cesium 中展示，其初始状态如图 5-35 所示。

"自己的资产"在 Cesium 中的展示如图 5-36 所示。自己的每一处资产都有对应的 id 号，后续通过调用 id 号便可完成模型的导入工作。

在 ArcScene 中导入所有要素，制作出研究区土壤污染模型图。通过研究

图 5-35　Cesium 初始风向示例

图 5-36　Cesium 系统"自己的资产"展示

区卫星图和高程图建立地形图［图 5-37（a）］，并加入边框与底面［图 5-37（b）］。随着进一步优化完善，将之前建立的河流信息与公路信息导入 ArcScene 中［图 5-37（c）］。研究区的涉污企业分布多且密集，所以通过将相同类型涉污企业进行聚类分析，再通过聚类结果进行模型的建立与表达［图 5-37（d）］。最后根据重金属污染物的核密度图建立污染扩散的三维模拟图［图 5-37（e）］。考虑重金属污染物通过风向扩散因素，建立冬春季节的风向信息（西北风）［图 5-37（f）］。

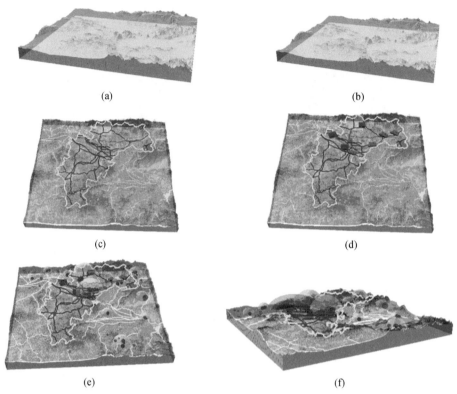

图 5-37　ArcScene 中三维地图建模

（3）场地污染模型展示

三维地形模型中红色、蓝色、绿色半椭球为污染浓度从重到轻的情景，还蕴含河流信息、公路信息以及研究区三大涉污企业的标签信息。椭球体为描述污染范围，下面叠加污染核密度图。为更好呈现场地污染模型，通过 GeoServer 发布 ArcScene、ArcMap 制作的三维地形模型和污染物核密度图，在 Cesium 中调用 GeoServer 发布的内容可以获得更佳的展示效果（图 5-38）。

图 5-38　研究区场地污染模型

2. 基于扩散规律与风向场的典型土壤重金属污染物扩散模拟

在研究区，大气重金属污染物主要来自金属矿物采矿、选矿、冶炼和加工生产及其相关过程，因运输和高温燃烧等产生的含重金属污染物的有毒有害颗粒。矿山在生产过程中，会有大量的粉尘排放到空气中。在风力的作用下，矿山堆放的废石和尾矿也会产生大量粉尘，随气流漂浮沉降。

（1）反距离权重法

反距离权重插值可以明确地验证这样一种假设：彼此距离较近的事物要比彼此距离较远的事物更相似。当为任何未测量的位置预测值时，反距离权重法会采用预测位置周围的测量值。与距离预测位置较远的测量值相比，距离预测位置最近的测量值对预测值的影响更大。反距离权重法假定每个测量点都有一种局部影响，而这种影响会随着距离的增大而减小。这种方法为距离预测位置最近的点分配的权重较大，而权重却作为距离的函数而减小。

（2）大气扩散规律

高斯扩散（图5-39）的建立有如下假设：①风平均流场稳定，风速均匀，风向平直；②污染物浓度在 y、z 轴方向符合正态分布；③污染物在输送扩散中质量守恒；④污染源强均匀、连续。

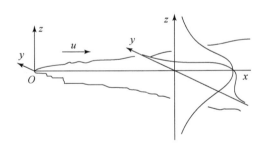

图 5-39　高斯扩散模式示意

有效源位于坐标原点，平均风向与 x 轴平行，并与 x 轴正向同向。假设点源在没有任何障碍物的自由空间扩散，不考虑下垫面的存在。大气扩散是具有 y 与 z 两个坐标方向的二维正态分布，当两个坐标方向的随机变量独立时，分布密度为每个坐标方向的一维正态分布密度函数的乘积。根据正态分布的假设条件②，正态分布函数的基本形式见式（5-39）。

$$f(y) = \frac{1}{\sqrt{2\pi}\sigma} \exp\left[\frac{-(y-\mu)^2}{2\sigma^2}\right] \quad (-\infty < x < +\infty, \sigma > 0) \tag{5-39}$$

取 $\mu = 0$，则在点源下风向任一点的浓度分布函数见式（5-40）。

$$C(x, y, z) = A(x) \exp\left[-\frac{1}{2}\left(-\frac{1}{2}\left(\frac{y^2}{\sigma_y^2} + \frac{z^2}{\sigma_z^2}\right)\right)\right] \tag{5-40}$$

式中，C 为空间点 (x, y, z) 的污染物的浓度（mg/m^3）；$A(x)$ 为待定函数；σ_y、σ_z 分别为水平、垂直方向的标准差，即 y、x 方向的扩散参数。

根据守恒和连续假设条件③和④，在任一垂直于 x 轴的烟流截面上源强见式（5-41）。

$$q = \int_{-\infty}^{+\infty} \int_{-\infty}^{+\infty} uC\,dy\,dz \tag{5-41}$$

式中，q 为源强，即单位时间内排放的污染物（$\mu g/s$）；u 为平均风速（m/s）。将浓度分布函数代入式（5-41）中，风速稳定假设条件①、A 与 y、z 无关，考虑到 $\int_{-\infty}^{+\infty} \exp(-t^2/2)\,dt$，积分可得待定函数 $A(X)$［式（5-42）］。

$$A(X) = \frac{q}{2\pi u \sigma_y \sigma_z} \tag{5-42}$$

将式（5-42）代入式（5-40），得到空间连续点源的高斯扩散模式。

$$C(x, y, z) = \frac{q}{2\pi u \sigma_y \sigma_z} \exp\left[-\frac{1}{2}\left(\frac{y^2}{\sigma_y^2} + \frac{z^2}{\sigma_z^2}\right)\right] \tag{5-43}$$

式中，扩散系数 σ_y、σ_z 与大气稳定度和水平距离 x 有关，并随 x 的增大而增加。当 $y = 0$，$z = 0$ 时，$A(x) = C(x, 0, 0)$，即 $A(x)$ 为 x 轴上浓度，也是垂直于 x 轴截面上污染物的最大浓度点 C_{max}，当 $x \to \infty$，σ_y 及 $\sigma_z \to \infty$ 时，则 $C \to 0$，表明污染物在大气中得以完全扩散。

（3）基于风向场的污染扩散模拟

根据原始风向数据进行反距离权重插值计算，得出风向的栅格数据，再由栅格数据转换为点数据。图 5-40 包含风向的方向与速度（U、V）数据，用于风向计算标准。

风向按正北方向起算，$0°$ 表示北风，$90°$ 表示东风。U 表示经度方向上的风，V 表示纬度方向上的风。U 为正，表示西风，从西边吹来的风。V 为正，

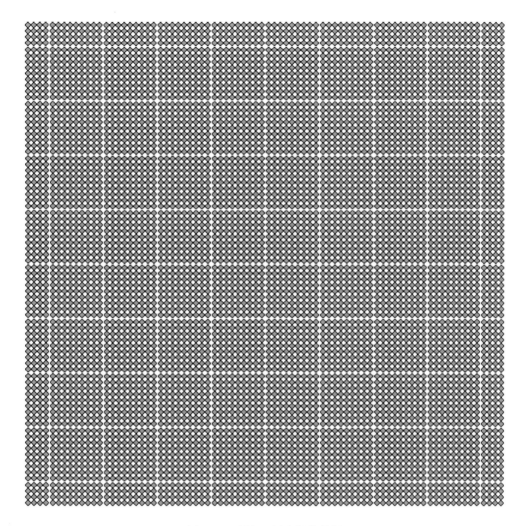

图 5-40　研究区风向栅格数据

表示南风，从南边吹来的风。假如 U 为 1，V 为 1，则表示西南风。U、V 计算见式（5-44）和式（5-45）。

$$U = \| V \| \cos\theta \tag{5-44}$$

$$V = \| V \| \sin\theta \tag{5-45}$$

式中，$\| V \|$ 表示风力；θ 为风向。

重金属污染扩散过程受到风向影响，存在大气扩散规律。在图 5-40 中，风向栅格数据完全覆盖研究区的所有区域。重金属受到点位风向的影响，由污染的中心向四周进行扩散。为表达此过程，把污染中心的浓度调高，四周的浓度调低，结合风向点位图，计算出风向叠加在自然扩散上产生的污染的方向和范围。在 Cesium 中，利用箭头移动表示受风向和自然扩散影响的污染扩散过程（图 5-41）。

图 5-41　基于风向场的污染扩散模拟

5.7.5　区域典型污染物扩散模式

公路因车流量大、流动性好、扩散面广等特点，成为周边土壤重金属污染的潜在来源。公路周边土壤重金属分布规律存在差异性，加之多种因素综合作用，导致公路周边土壤重金属污染特征多样化。公路周边土壤重金属污染常随公路延伸呈现带状分布特征。在水平方向上，高速公路周边土壤重金属含量主要呈现 3 种分布特征：①随公路的垂直方向距离增加而降低的非线性特征，如指数型分布特征等；②随公路的垂直方向距离增加而先增加后降低的偏态分布特征；③随公路的垂直方向距离增加而变化复杂的混合型分布特征。

计算剖面土壤重金属的迁移系数前，需选取惰性元素作为参比元素。土壤中含量变化较小且在风化及成土过程中比较稳定的元素一般被选为参比元素。以土壤背景值作为参比值，迁移系数根据式（5-46）计算求得。

$$T_j = \frac{c_{j,s}/c_{j,b}}{c_{i,s}/c_{i,b}} - 1 \tag{5-46}$$

式中，T_j 表示垂直剖面土壤中 j 元素的迁移系数；$c_{j,s}$ 表示土壤样品 j 元素的含量；$c_{j,b}$ 表示 j 元素的背景值；$c_{i,s}$ 表示参比元素的含量；$c_{i,b}$ 表示参比元素的背景值。当 $T_j > 0$ 时，表明 j 元素相对于参比元素富集；$T_j = 0$ 时，表明 j 元素没有富集或丢失；$T_j < 0$ 时，表明 j 元素丢失；$T_j = -1$ 时，表明 j 元素完全丢失。

土壤重金属采用地累积指数法，表征公路沿线重金属的人为污染部分。应用该评价方法不仅仅可以描述重金属的分布特征，更可以直观反映人类生产活动对土壤中重金属量的积累 [式（5-47）]。

$$I_{geo} = \log_2 \left(\frac{C_n}{kB_n} \right) \tag{5-47}$$

式中，C_n 为元素在小于 $2\mu m$ 沉积物中的含量；B_n 为普通岩中该元素的地球化学背景值；k（取值为 1.5）为考虑了各地岩石差异可能会引起的变动而取的系数。

Hg 的高核密度值区域位于研究区采选工厂密集地区，工业活动容易产生汞，工厂周围分布着河流和铁路，而且土壤中 Hg 的迁移转化较为复杂，其运移发生在对流、弥散、吸附等过程中。加上自然现象（如降水、风等）的影响，并考虑对流、弥散、扩散、吸附和微生物等降解作用，建立的 Hg 扩散模型是从中心以椭圆形向四周渐渐扩散的模型，且距离中心越远浓度值越小（图 5-42）。

图 5-42　Hg 扩散规律

5.7.6　区域场地污染动态模拟

区域场地污染时空分布模拟包括三个方面，分别是场地污染时序模拟、场地污染的空间模拟以及两者有效结合的时空过程模拟。时空模型是时序模拟与空间模拟的有效结合，其中时序模拟采用实时采集污染物核密度实现，空间模拟针对场地污染物监测数据是否完整，若数据完整，则直接使用采集到的污染物浓度数据；若数据不完整，则对空间未监测点处进行插值处理，从而建立场地污染空间化模型。

通过查阅近 5 年西南地区某县区域污染资料，发现绝大多数区域场地污染是铅、汞等重金属污染。为此，模拟该县的重金属污染时空变化过程，时间尺度选择为年。时间尺度选择的原因，一方面是因为土地利用等变化在年份中体现较明显；另一方面是不同年份由于不同变量的影响作用，产生不同程度的场地重金属污染。对上述时空过程问题进行数学描述为土壤污染数据集 $P = \{p \mid p(s, t)\}$ 在时间集 T 为 $T = \{t \mid 2014 + t_{reso}\}$、空间集 S 为 $S = \{(u, v) \mid (u_0 + 1000 \times u, v_0 + 1000 \times v)\}$ 的变化过程。u、v 为空间位置，表示一定分辨率的空间网格。

在区域场地污染三维建模中，展示场地污染的时态发展主要是利用 Cesium 平台上的动态效果来达到目的。首先，收集和处理场地污染的时态数据，统计近一年周期的污染数据，并使用 ArcMap 软件绘制每一阶段的污染物核密度图（图 5-43）。然后，在 Cesium 中建立时态模型，以模型的动态变化展现污染物时态过程的演化规律，从而清晰地描绘区域场地的污染时态扩散过程。

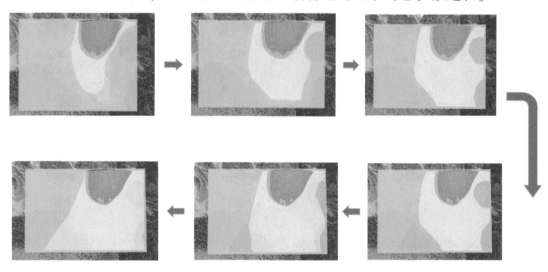

图 5-43 区域场地污染动态展示

5.8 小 结

1）建立了基于文本数据的区域污染风险源分布格局方法。基于 POI 数据和工商企业数据，开发出基于自然语言处理的工商企业位置识别方法，研发出基于模糊匹配的重点行业企业识别方法，形成基于多源地理大数据融合的重点行业企业要素数据，能够较好地识别出长三角地区电镀企业分布。

2）开发了基于正定矩阵因子和双变量局部莫兰指数的土壤污染源-汇诊断技术和基于某省的地下水污染源-汇诊断技术。运用正定矩阵因子量化解析土壤重金属来源及贡献程度，使用莫兰指数识别不同污染源对土壤污染贡献区域；通过某省将全部指标以及监测井聚类结果映射到神经元上，根据神经元形成的特征图像比对指标间的关联性，确定地下水 25 项水质指标的污染来源。

3）建立了基于双变量局部莫兰指数的土壤重金属污染与重点行业企业空间分布关联关系。以核密度表征不同类型企业分布情况，使用双变量局部莫兰指数对 As、Cd、Hg 与化学原料和化学制品制造业企业、黑色金属冶炼和压延加工业企业、金属制品业企业进行关联区域划分，解析不同行业与土壤重金属污染的相关性。

4）开发了区域场地污染时空过程三维动态仿真模拟技术。基于 ArcGIS、WMS、Cesium 等平台，构建污染源大气扩散的三维动态模型，展示区域场地 Hg 污染扩散过程及污染物时空演化规律。

第6章 区域场地多介质污染联合预测技术研究

6.1 大数据支持的区域场地土壤和地下水污染评估模型

6.1.1 土壤和地下水污染风险评价方法构建

1. 指标筛选

(1) 释放可能性指标

选取模拟污染物在土壤及含水层中迁移运输过程的稀释衰减模型
[式 (6-1)]，对污染物释放可能性进行评价。由于模型所含参数较多、计算
过程繁琐，采用灵敏度分析方法对模型参数进行分析，识别出主要影响参数并
将其作为污染物释放可能性评价指标，以降低指标筛选的主观性。

$$LF = \frac{DFA \times SAM \times BDF \times TAF}{K_{sw} \times LDF} \tag{6-1}$$

式中，LF 为土壤稀释衰减因子（g/cm^3）；SAM 为土壤衰减因子（无量纲），
计算见式 (6-2)；LDF 为土壤淋滤因子（无量纲），计算见式 (6-3)；K_{sw} 为总
土–水分配系数（cm^3/g），计算见式 (6-4)；BDF 为生物衰减因子（无量纲），
计算见式 (6-5)；TAF 为时间平均因子（无量纲），计算见式 (6-6)；DAF 为
侧向衰减因子（无量纲），计算见式 (6-7)。

$$SAM = \frac{L_1}{L_2} \tag{6-2}$$

$$LDF = 1 + 365 \times \frac{V\delta}{IW} \tag{6-3}$$

$$K_{sw} = \frac{\theta_{ws} + (K_d \rho_b) + (H' \theta_{as})}{\rho_b} \tag{6-4}$$

$$BDF = \exp\left[-365 \times \lambda \cdot (L_2 - L_1) \cdot \left(\frac{B_w}{I} \right) \right] \tag{6-5}$$

$$TAF = \frac{L_2 \cdot B_w}{I \cdot ED} \cdot \left[1 - \exp\left(\frac{-I \cdot ED}{L_2 \cdot B_w} \right) \right] \tag{6-6}$$

$$DAF = \left\{ \frac{1}{4} \exp\left(\frac{x}{2a_x} \left[1 - \sqrt{1 + \frac{4\lambda a_x R_i}{v}} \right] \right) \right\}$$

$$\cdot \left\{ \mathrm{erf}\left(\frac{y + S_w/2}{2\sqrt{a_x x}} \right) - \mathrm{erf}\left(\frac{y - S_w/2}{2\sqrt{a_y x}} \right) \right\}$$

$$\cdot \left\{ \mathrm{erf}\left(\frac{z + S_d}{2\sqrt{a_z x}} \right) - \mathrm{erf}\left(\frac{z - S_d}{2\sqrt{a_z x}} \right) \right\} \tag{6-7}$$

式中，L_1 为污染土层厚度（m）；L_2 为包气带厚度（m）；I 为土壤水入渗速率（m/a）；V 为地下水流速（m/d），计算见式（6-8）；δ 为地下水混合区厚度（m）；W 为污染源宽度（m）；θ_{ws} 为包气带中孔隙水体积比（无量纲）；K_d 为土–水分配系数（cm³/g），计算见式（6-9）；ρ_b 为土壤干容重（g/cm³）；H' 为环境温度下的亨利常数（无量纲）；θ_{as} 为包气带中的孔隙空气体积比（无量纲）；λ 为一阶衰减常数（d^{-1}）；B_w 为自由水分配系数（无量纲），计算见式（6-10）；ED 为暴露周期（a）；x 为地下水迁移距离（m）；y、z 分别为污染源至地下水污染羽中心线的横向和垂向距离（m）；S_w、S_d 分别为地下水污染源宽度和厚度（m）。

$$V = K \cdot i \tag{6-8}$$

$$K_d = K_{oc} \cdot f_{oc} \tag{6-9}$$

$$B_w = \theta_{ws} + K_d \rho_b + H \theta_{as} \tag{6-10}$$

$$a_x = 0.83 \times (\lg x)^{2.414} \tag{6-11}$$

$$a_y = a_x/10 \tag{6-12}$$

$$a_z = a_x/100 \tag{6-13}$$

$$R_i = 1 + \frac{K_{oc} \cdot f_{oc} \cdot \rho_d}{\theta_e} \tag{6-14}$$

$$v = \frac{K \cdot i}{\theta_e} \tag{6-15}$$

式中，K 为渗透系数（m/d）；i 为水力梯度（无量纲）；K_{oc} 为有机碳-水分配系数（cm³/g）；f_{oc} 为土壤有机碳含量（g/g）；a_x、a_y、a_z 分别为地下水纵向、横向和垂向弥散度（m）；R_i 为污染物阻滞因子（无量纲）；v 为地下水渗流速度（m/d）；ρ_d 为含水层土壤容重（g/cm³）；θ_e 为含水层有效孔隙度（无量纲）。

经文献调研（杨昱等，2017；李天魁等，2018），模型参数取值范围见表6-1。

表 6-1　模型参数取值范围

序号	参数	单位	取值区间
1	土壤容重	g/cm³	［1.60，1.67］
2	土壤有机碳含量	g/g	［0，0.049］
3	分配系数（lgK_{oc}）	cm³/g	［-1，6］
4	土壤衰减因子	—	［0，1］
5	入渗速率	m/a	［0，1.84］
6	渗透系数	m/d	［0.001，100］
7	水力梯度	—	［0.001，0.1］
8	地下水混合区厚度	m	［0，50］
9	污染源宽度	m	［50，1000］
10	土壤孔隙水体积比	—	［0.1，0.26］
11	未污染土壤厚度	m	［0，20］
12	一阶衰减常数	d⁻¹	［0，0.5］
13	暴露周期	年	［0，40］
14	包气带厚度	m	［0，20］
15	纵向弥散度	m	［0.1，32］
16	横向弥散度	m	［0.01，41］
17	垂向弥散度	m	［0.005，0.25］
18	纵向距离	m	［50，3600］
19	横向距离	m	［0，300］
20	垂向距离	m	［0，50］
21	含水层有机碳含量	—	［0，0.01］
22	含水层土壤容重	g/cm³	［1.3，1.8］

序号	参数	单位	取值区间
23	有效孔隙度	—	[0.1, 0.5]
24	污染源厚度	m	[0, 50]
25	污染源宽度	m	[50, 1000]

局部灵敏度分析方法检验单个参数的变化对模型结果的影响程度，但参数灵敏度会随参数初始值位置的变化有较大波动。目标参数的变化引起的输出结果的灵敏度大小依赖于模型其他参数值的选取，如果其他参数的基准值存在误差，则分析结果也将存在误差。目前，运用较多的局部灵敏度分析方法为一次一个变量法。当模型输出对目标参数呈非线性响应时，一次一个变量法无法有效揭示目标参数值变化对模型输出变化的影响，一次一个变量法也忽略了参数间的相互作用，无法分析目标参数在更大取值范围的变化如何影响模型输出。全局灵敏度分析方法考虑了参数在整个取值空间的影响及参数之间的共同作用，可以弥补局部灵敏度分析方法的缺陷，所得出的结果更加科学客观。因此，本研究中，选取区域灵敏度分析（regionalized sensitivity analysis，RSA）方法。该方法所需假设条件较少，无需修改模型，分析结果直观，还具有参数识别的功能。当然，其没有考虑参数间相互作用的影响，无法量化分析参数敏感性。

区域灵敏度分析方法步骤为：①按照多元一致分布的原则在可行参数空间内利用蒙特卡罗采样生成参数集；②利用生成的参数进行模型模拟，并按照事先设定的条件，进行基于行为和非行为的二元划分原则的参数识别；③利用K-S 检验或者边缘累积分布函数等判断参数对模型的影响程度。根据区域灵敏度分析原理（邓义祥等，2003），采用蒙特卡罗抽样方法在各参数区间内随机采样，重复取样 10 000 次，计算每组参数对应的输出结果，即稀释衰减因子。取输出结果的前5%所对应的参数为可接受参数，利用 K-S 检验分析可接受参数分布与原始分布的差异，如果参数对目标函数具有较大的影响，则目标函数对参数应具有较强的筛选能力。因此，可接受参数的分布离原始分布越远，说明该参数对目标函数的影响越显著，其灵敏度越高、重要性越突出。参考前人建立的筛选方法（李天魁等，2018），根据参数的显著性大小对参数进行筛选。若显著性小于 0.05，则认为参数的灵敏度显著，该参数对释放可能性结果影响较大，并将这些敏感参数进行重新组合。各参数区域灵敏度分析结果见表6-2。通过对比各参数显著性水平，14个模型参数中有5个指标灵敏度显著，灵敏度显著的参数有分配系数（$\lg K_{oc}$）、入渗速率（I）、一阶衰减常数（λ）、未污染土壤厚度（D）、土壤有机碳含量（f_{oc}）、渗透系数（K）、水力梯度（i）、纵向距离（x）、纵向弥散度（a_x）。

表6-2　模型参数 K-S 统计量

参数	SAM	$\lg K_{oc}$	I	δ	W	i	K	θ	ρ_b	f_{oc}	D	λ	ED
统计量	0.01	0.56	0.10	0.01	0.01	0.17	0.18	0.02	0.01	0.06	0.12	0.15	0.01
显著性	0.72	0	0	0.73	0.99	0	0	0.42	0.50	0	0	0	0.76

参数	x	a_x	S_w	a_z	z	y	ρ_b	a_y	θ	S_d	L_2
统计量	0.20	0.13	0.03	0.03	0.03	0.03	0.03	0.02	0.02	0.04	0.02
显著性	0	0	0.85	0.81	0.51	0.75	0.89	0.95	0.97	0.56	0.64

（2）污染源负荷指标

根据场地调查技术标准，并参考国内外风险等级系统中指标，选择土壤污染物超标总倍数、土壤污染物超标最大范围作为污染负荷指标；土壤污染物超标总倍数计算方法参考《关闭搬迁企业地块风险筛查与风险分级技术规定（试行）》［式（6-16）］。土壤标准值参考《土壤环境质量 建设用地土壤污染风险管控标准（试行）》（GB 36600—2018）中筛选值。

$$P = \sum_{i=1}^{n} \left(\frac{C_i}{C_{oi}} - 1 \right) \qquad (6\text{-}16)$$

式中，P 为土壤污染物超标总倍数；C_i 为第 i 个特征污染物浓度实测值（mg/kg）；C_{oi} 为第 i 个特征污染物浓度相关标准值（mg/kg）；n 为特征污染物个数。

（3）受体特征指标

参考《关闭搬迁企业地块风险筛查与风险分级技术规定（试行）》，选择地下水及邻近区域地表水用途、地块周边 500m 内的人口数量作为受体特征指标。地下水及邻近区域地表水用途包括生活饮用水、补给水源、农田灌溉用水、工业用水或不利用。不同地下水及邻近区域地表水用途对人体健康的影响有较大差别，如生活饮用水对人体的影响最大，而工业用水对人体健康的影响较小。地块周边 500m 内的人口数量越多,场地所造成的风险越大。不同场地敏感受体在类型和数量上均不相同。

2. 指标权重的确定

将模型参数的灵敏度分析结果与层次分析法相结合,对灵敏度较高的参数赋予更高的权重,以降低权重确定时的主观性。采用 1~9 标度法构造判断矩阵,计算判断矩阵的特征值及其对应的特征向量,将特征向量经归一化后得到相应的层次单元排序的相对重要性权重。使用最大特征值和权重向量进行一致性检验,计算出各影响因素权重值。地下水污染风险评价指标层次结构见表 6-3,判断矩阵标度值及其含义见表 6-4,指标权重值见表 6-5。

表 6-3 地下水污染风险评价指标层次结构

目标层(A)	准则层(C)	指标层(P)
地下水污染风险评价	污染源负荷(C_1)	超标倍数(P_{10})
		超标范围(P_{11})
	释放可能性(C_2)	未污染土壤厚度(P_{20})
		分配系数(P_{21})
		入渗速率(P_{22})
		一阶衰减常数(P_{23})
		土壤有机碳含量(P_{24})
		渗透系数(P_{25})
		水力梯度(P_{26})
		纵向距离(P_{27})
		纵向弥散度(P_{28})
	受体特征(C_3)	地下水及邻近区域地表水用途(P_{30})
		地块周边 500m 内的人口数量(P_{31})

表 6-4 判断矩阵标度值及其含义

标度值	含义
1	指标 i 与指标 j 同样重要
3	指标 i 比指标 j 稍微重要
5	指标 i 比指标 j 明显重要
7	指标 i 比指标 j 强烈重要
9	指标 i 比指标 j 极端重要
2、4、6、8	2、4、6、8 分别表示相邻判断 1~3、3~5、5~7、7~9 的中值
倒数	由指标 i 与 j 的重要性比较得到判断矩阵 p_{ij},则指标 j 与 i 的重要性为 $1/p_{ij}$

表6-5　地下水污染风险评价指标指标权重值

目标层（A）	准则层（C）		指标层（P）		
	指标	单层次权重	指标	单层次权重	总权重
地下水污染风险评价	污染源负荷	0.33	超标倍数	0.70	0.2310
			超标范围	0.30	0.0990
	释放可能性	0.33	未污染土壤厚度	0.11	0.0363
			分配系数	0.32	0.1066
			入渗速率	0.07	0.0231
			一阶衰减常数	0.12	0.0396
			土壤有机碳含量	0.03	0.0099
			渗透系数	0.11	0.0363
			水力梯度	0.08	0.0264
			纵向弥散度	0.04	0.0132
			纵向距离	0.12	0.0396
	受体特征	0.34	地下水及邻近区域地表水用途	0.60	0.2040
			地块周边500m内的人口数量	0.40	0.1360

各指标内部分级值参考相关文献确定，优先参考已有评价模型中指标分级。若国内外参考文献中没有说明，则查阅国内外相关污染因子标准，根据各指标实际风险大小结合专家对指标的评分进行分级评价，评分值范围为1～10。

1）污染源负荷指标中超标倍数，根据前文方法计算，参考美国污染场地分类分级系统中指标等级进行划分；超标范围是指污染土壤的土方量，从污染场地调查报告获取，指标等级划分参考加拿大国家污染场地分类分级系统中指标等级。

2）受体特征指标中地下水及邻近区域地表水用途和地块周边500m内的人口数量指标均参考《关闭搬迁企业地块风险筛查与风险分级技术规定（试行）》中指标等级划分。

3）释放可能性指标主要参考DRASTIC及相关文献（杨昱等，2017），其中分配系数采用辛醇分配系数（$\lg K_{oc}$）表示，代表污染物在辛醇中与水中的分配比，一般认为小于10的物质比较亲水，吸附性弱，而大于10的物质憎水性强，吸附性强；一阶衰减常数借鉴文献中实际污染物聚类分析结果，通常认为在水中半衰期大于2个月、在土壤或沉积物中半衰期大于6个月的有机污染物称为持久性有机物，以此为标准进行分级；入渗速率描述土壤中污染物进入含水层的难易程度，与包气带性质、污染物性质有关，根据入渗速率范围对其进行分级；其余指标参考相关文献及 DRASTIC 并结合专家打分进行确定。污染源负荷与受体特征指标、污染物释放可能性指标的分级赋分情况分别见表 6-6 和表 6-7。

表 6-6 污染源负荷与受体特征指标分级赋分

超标倍数		超标范围		地下水及邻近区域地表水用途		地块周边 500m 内的人口数量	
分级	分值	分级	分值	分级	分值	分级	分值
>100	10	>10	10	生活用水	10	>5000	10
(50, 100]	7	(5, 10]	7	补给水源	7	(1000, 5000]	7
(10, 50]	4	(1, 5]	4	农业灌溉用水	4	(100, 1000]	4
≤10	1	≤1	1	工业用途或不利用	1	≤100	1

表 6-7 污染物释放可能性指标分级赋分

分配系数		一阶衰减常数		入渗速率		未污染土壤厚度		土壤有机碳含量	
分级	分值	分级	分值	分级	分值	分级	分值	分级	分值
≤1	10	≤0.003	10	>1.4	10	≤3	10	≤0.001	10
(1, 3]	6	(0.003, 0.01]	7	(0.9, 1.4]	7	(3, 10]	6	(0.001, 0.002]	7
>3	2	(0.01, 0.02]	4	(0.5, 0.9]	4	>10	2	(0.002, 0.003]	4
		>0.02	1	≤0.5	1			>0.003	1

渗透系数/(m/d)		水力梯度		纵向距离/m		纵向弥散/m	
分级	分值	分级	分值	分级	分值	分级	分值
>81.5	10	>0.05	10	≤100	10	>22	10
(40.7, 81.5]	8	(0.01, 0.05]	7	(100, 300]	7	(15, 22]	8
(28.5, 40.7]	6	(0.005, 0.01]	4	(300, 1000]	4	(8, 15]	6
(13.2, 28.5]	4	≤0.005	1	>1000	1	(1, 8]	4
(4.1, 13.2]	2					≤1	2
≤4.1	1						

6.1.2 土壤和地下水污染风险评价预测模型建立

基于国际上应用最广泛的 Rosetta 模型（图 6-1 和图 6-2），采用人工神经网络预测土壤水力学特征参数（土壤颗粒分布状态、容重、田间持水量和凋萎点），预测 van Genuchten 模型中四个土壤特征曲线参数（进气吸力的倒数 α、土壤水分保持函数参数 n、土壤残余含水率 Thetas、土壤饱和含水率 Thetar）（图 6-2），以支持通过达西定律计算土壤水流通量和含水量变化。

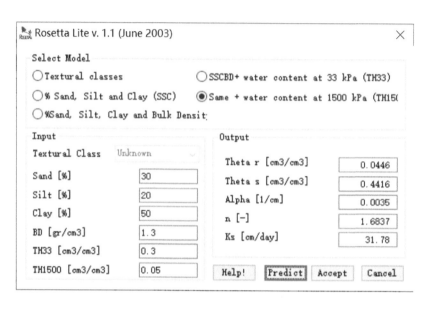

图 6-1　Rosetta 模型软件

　　基于文献调研，收集获取各种质地土壤的弥散系数，采用分组 Meta 分析方法，整合分析弥散系数的变异规律；采用 Meta 分析方法，建立弥散系数与土壤颗粒分布状态、容重和孔隙度等参数的线性回归模型。在经典土壤水流模型基础上，结合场地实际特点，建立双孔隙度、双渗透率模型，以模拟场地土壤水流通量和土壤水势、含水量的动态变化特征。针对重金属和有机污染物，建立其在包气带和饱和带中迁移预测模型；针对重金属的形态转化和迁移过程，建立零阶或一阶反应动力学模型结合对流弥散方程；针对有机污染物的迁移，建立双点位化学非平衡吸附模型结合对流弥散方程。

　　针对某个尾矿场地的包气带和饱和带，建立重金属污染羽迁移模型（图 6-3）。

　　针对某城市工业区搬迁遗留场地，建立有机污染物迁移扩散模型（图 6-4）。

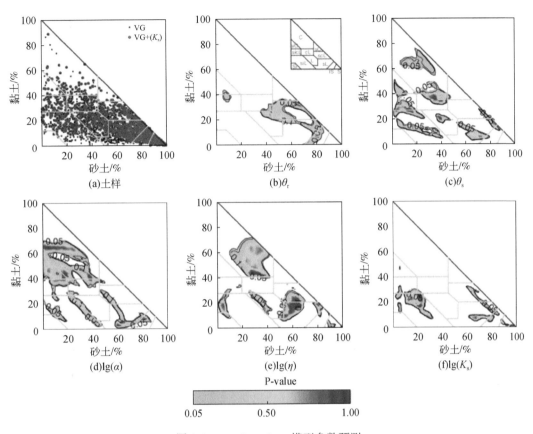

图 6-2　van Genuchten 模型参数预测

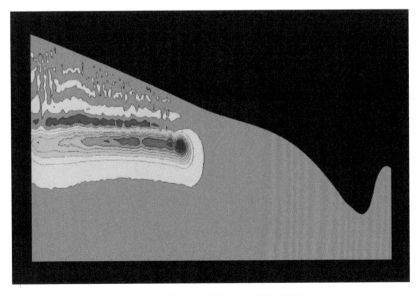

图 6-3　污染羽迁移模型（视频截图）

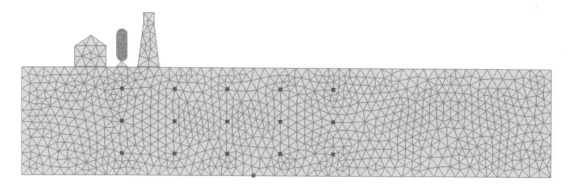

图 6-4 有机污染物迁移扩散模型

6.1.3 典型污染源周边土壤中污染物特征分析

（1）化工企业生产区和储存区土壤中重金属、可挥发有机物分析

选取包含电镀、农药等具有潜在点源污染的 10 家企业，分析储存区和生产区的土壤及水体中重金属的分布情况，并通过箱形图和气泡图的形式展示分析结果（图 6-5 和图 6-6）。土壤表层（0.2m）镉浓度波动较大（0.03 ~

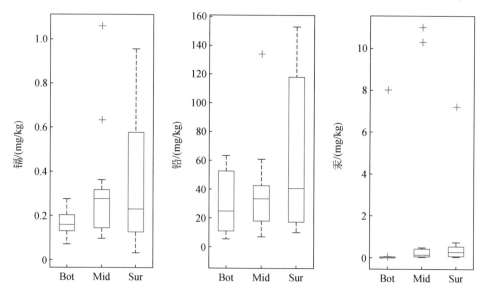

图 6-5 不同土壤深度样点镉、铅、汞箱形图

Bot 表示底层，4m；Mid 表示中间层，1.5m；Sur 表示表层，0.2m

0.96mg/kg），中间层（1.5m）浓度最高，底层（4m）浓度最小且最稳定（0.072～0.275mg/kg）；土壤中重金属铅、汞浓度均随着深度增大而减小，表层浓度波动较大（铅 10～153mg/kg），重金属汞离群值较多。

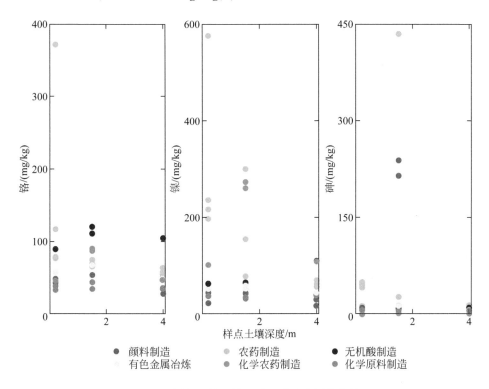

图 6-6　不同行业铬、镍、砷三种重金属分布情况

（2）典型矿区周围采样点位土壤重金属分析

针对以褐铁矿、铜硫矿和铅锌矿为主的某矿区，在矿区周边农田布置 9 个采样点，对每个采样点土壤和地下水进行样品采集与分析测试。结果表明，近半数样点土壤污染物（重金属）超标，其中部分采样点重金属超标严重，而地下水重金属污染相对较低。

具体来说，所有采样点土壤镉严重超标，最低超标达到 1900 倍（E 采样点），除矿区本底值较高外，还说明当地土壤镉超标严重。除镉外，土壤铜、铅、砷亦超标严重，其中铜最大超标 23.4 倍、铅最大超标 9.4 倍、砷最大超标 3.2 倍（A 采样点）（图 6-7）。

在 A、B、C 采样点重金属超标严重，而在 D～G 采样点超标倍数显著降低（图 6-7），主要是 A、B、C 采样点位于尾矿库外农田，其余采样点距离尾

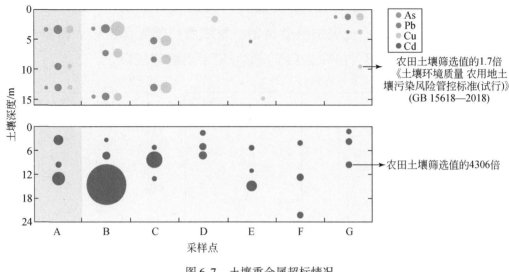

图 6-7　土壤重金属超标情况

矿库具有一定距离（1～1.7km），说明在土壤污染中需要关注重点排放源和堆积源，包括尾矿库、尾矿堆等。

（3）土层空间分析

在仿真，将土层划分为 6 层，其在三个方向的渗透系数见表 6-8，6 种土壤层在空间的分布以及模拟时设置的观测点如图 6-8 所示。

表 6-8　各土层的渗透系数

土层	K_{xx}	K_{yy}	K_{zz}
1	1	1	0.1
2	1	1	0.1
3	1	1	0.1
4	0.1	0.1	0.01
5	33	33	3.3
6	4	4	0.4

研究区的各土层呈现北高南低、距离河流越远海拔越高两个显著特点。研究区中部区域第 1 和第 2 层土壤厚度较大（可达 12m），后 4 层土壤厚度差别不大，据此选择正北方坡地（图 6-9 中 A 采样点）、着重监测点（图 6-9 中 B 采样点）以及临河点（图 6-9 中 C 采样点）计算三个地点的不同土层高程差（表 6-9）。对第 1 和第 2 层土壤而言，B 采样点到 C 采样点高程差很大，A 采样点到 B 采样点相对较小（图 6-9 和图 6-10）。考虑到第 1 和第 2 层土壤

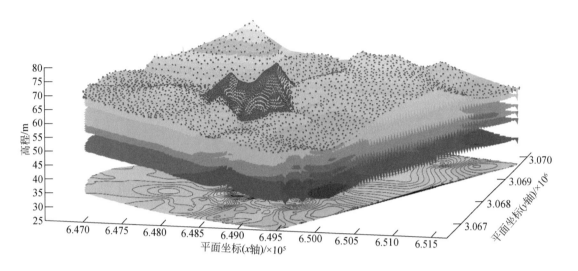

图 6-8　不同土壤层的空间分布

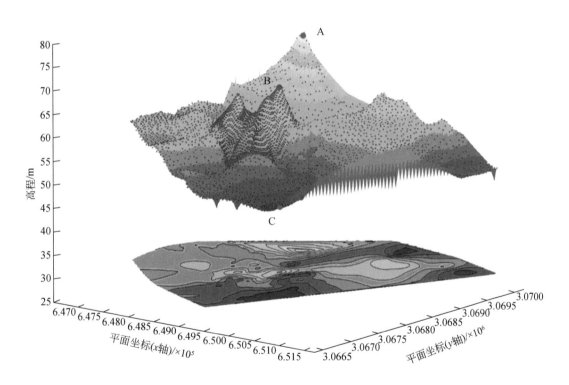

图 6-9　不同土壤层的空间分布

的渗透系数相同，确定地下水流向是从 B 采样点到 C 采样点，同时 A 采样点
也会汇流到 B 采样点。从第 3 层土壤开始，A 采样点和 B 采样点的土壤高程为
0，但是 B 采样点到 C 采样点的高程均大于 0，为 9.25m（图 6-9 和图 6-10），

说明地下水汇流方向与表层一致。因此，确定地下水的汇流方向为 A 采样点→B 采样点→C 采样点（图 6-11）。

表 6-9　各土层高程差　　　　　　　　　　　　　　　　（单位：m）

土层	A–C 高程差	A–B 高程差	B–C 高程差
1	27.84	7.20	20.64
2	18.33	3.50	14.83
3	9.25	0	9.25
4	9.25	0	9.25
5	9.25	0	9.25
6	9.55	0	9.25

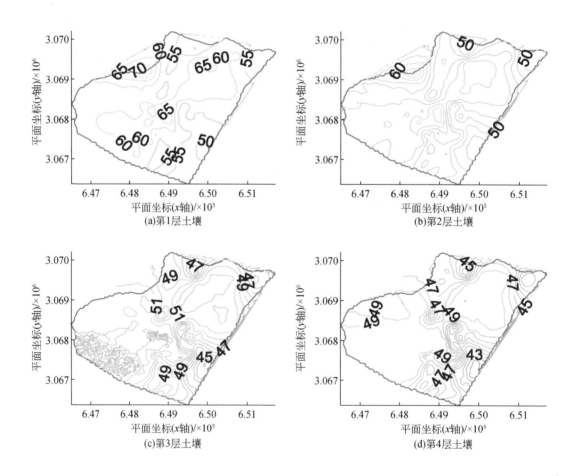

(a)第1层土壤　　　　　　　　　　　　　　(b)第2层土壤

(c)第3层土壤　　　　　　　　　　　　　　(d)第4层土壤

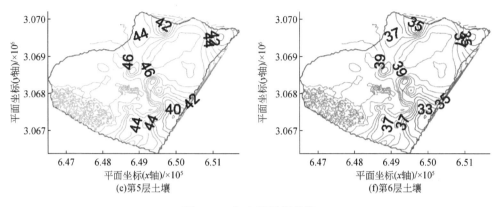

(e)第5层土壤   (f)第6层土壤

图 6-10　各土壤层等高线

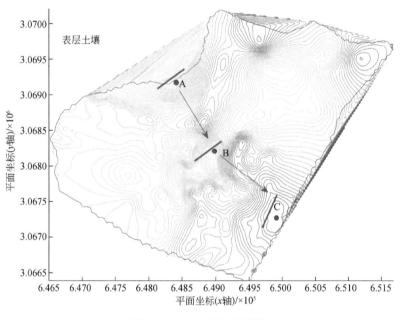

图 6-11　地下水流向预测

6.2　大数据支持的区域场地污染风险预测方法

6.2.1　数据与方法

1. 基础数据

106 个经过场地地下水污染调查、地下水污染情况已知的加油站以及 39

634 个基础信息已知、地下水污染情况未知的加油站。加油站的基础信息包括10 项预测变量。

1）建站时长：指每个加油站建立至今的年限，计算方式为当前年份减去建站年份，数据类型为整型。对于已经停止运营的加油站，计算方式为停止运营年份减去建站年份。

2）是否重点调查：指由生态环境或自然资源部门确定是否需要进行重点调查，数据类型为布尔型。确定为重点调查对象的可能是油品曾经泄漏，场地内或场地周边土壤和地下水存在较高污染风险、建站时间较长的加油站。

3）是否营业：指加油站是否处于营业状态，数据类型为布尔型。

4）运营主体：指运营加油站的单位，数据类型为布尔型。加油站的运营主体一般包括中国石油天然气股份有限公司（简称中石油）、中国石油化工股份有限公司（简称中石化）、中国海洋石油集团有限公司（简称中海油）及其他民营加油站等。

5）油罐总数：油罐是指用于储存油品的且具有较规则形体的大型容器，为加油站的主要污染来源。油罐总数指的是加油站所拥有的油罐数量，数据类型为整型。

6）单层罐总数：指单层结构油罐数量，数据类型为整型。

7）是否有防渗池：防渗池指为防止油品泄漏对土壤、地下水造成污染，在油罐外建设的防渗工程，数据类型为布尔型。

8）输油管类型：指输送石油原油或石油产品的管道，分为单层管和双层管，数据类型为布尔型。

9）有无严重泄漏事故：指因管线、油罐泄漏，导致油品漏出，从而导致泄漏事故，数据类型为布尔型。

10）是否位于地下水保护区：地下水保护区指由我国政府结合居民用水需求、地下水水质等因素所划定的保护区，数据类型为布尔型。

此外，对于 106 个已经开展过地下水污染调查的加油站，本次研究融入地下水中苯、甲苯、乙苯、对甲苯、甲基叔丁基醚（MTBE）、萘、DCA（1，2-二氯乙烷+1，1-二氯乙烷）、地下水质量分类、总石油烃及土壤石油烃等污染物（指标）数据。根据《地下水质量标准》（GB/T 14848—2017），进行所有污染物浓度等级转换（共 5 类），从而可将连续的浮点型数据转为布尔型数据。

2. 区域场地污染风险预测大数据算法

（1） 逻辑回归

逻辑回归属于广义线性模型，用于估计某种事物的可能性。逻辑回归是在线性回归的基础上多套用一个逻辑函数，使得因变量 y 服从伯努利分布，且将预测值限定为 [0，1] 的一种回归模型（Rizeei et al., 2018）。该算法优点包括训练速度较快，分类时计算量仅仅只和特征的数目相关；模型的可解释性好，从特征的权重可以看到不同的特征对最后结果的影响；适合二分类问题，不需要缩放输入特征；内存资源占用小，只需要存储各个维度的特征值。同时，该算法缺点包括不能解决非线性问题；对多重共线性数据较为敏感；难处理数据不平衡的问题；准确率不高，很难去拟合数据的真实分布；无法筛选特征。

（2） 决策树

决策树是一种树状预测模型。一般情况下，一棵决策树包含一个根节点、若干个内部节点和若干个叶节点。叶节点对应于决策结果，其他节点对应于一个属性测试。从根结点开始，对实例的某一特征进行测试，根据测试结果将实例分配到其子节点，此时每个子节点对应着该特征的一个取值，如此递归的对实例进行测试并分配，直至到达叶节点，最后将实例分到叶节点的类中（Chenini et al., 2010）。该算法优点包括易于理解和实现；能直接体现数据的特点和表达的意义；数据的准备非常简单，且能够同时处理数据型和常规型属性；易于通过静态测试来对模型进行评测，可以测定模型可信度；如果给定一个观察的模型，根据所产生的决策树很容易推出相应的逻辑表达式。同时，该算法缺点包括对连续性的字段比较难预测；对有时间顺序的数据，需要很多预处理的工作；当类别太多时，错误可能就会增加得比较快；一般的算法分类时，只是根据一个字段来分类；容易过拟合。

（3） 梯度增强决策树

梯度增强决策树是一种迭代的决策树，由多棵决策树组成，所有树的结论累加起来作为最终答案（Naghibi et al., 2016）。boosting 算法通过分步迭代不断完善已有的集成模型，将弱学习器提升为强学习器。梯度增强（gradient boosting）能在迭代的每一步都沿着梯度最陡的方向进行，降低损失。该算法优点包括调参时间缩短、处理数据灵活、适用范围广、损失函数稳健、对异常值稳健性较强。同时，该算法缺点包括弱学习器之间存在依赖关系，难以并行训练数据。

（4）极限梯度提升

极限梯度提升属于 boosting 算法，同梯度增强决策树一样，也需要将许多树模型集成在一起，形成一个很强的分类器。极限梯度提升算法就是不断地添加树，不断地进行特征分裂来完成一棵树的构建。每次添加一棵树，实际上是学习一个新函数，去拟合上次预测的残差（Chen and Guestrin，2016）。该算法优点包括对损失函数进行二阶泰勒展开，精度更高；支持 CART 和线性分类器，支持自定义损失函数，灵活性强；支持列抽样，降低过拟合，减少计算量；在目标函数中加入了正则项用于控制模型的负责度；完成一次迭代后会将叶节点的权重乘上该系数，以削弱每棵树的影响。同时，该算法缺点包括在节点分裂过程中仍需要遍历数据集；预排序过程的空间复杂度过高，不仅需要存储特征值，还需要存储特征对应样本的梯度统计值的索引，相当于消耗了两倍的内存。

（5）随机森林

随机森林属于集成学习算法。一个测试样本会送到每一棵决策树中进行预测，然后进行投票，得票最多的类为最终分类结果（Breiman，2001）。对于回归问题，随机森林的预测输出是所有决策树输出的均值。例如，随机森林有10 棵决策树，其中有 8 棵决策树的预测结果是第 1 类，1 棵决策树的预测结果为第 2 类，1 棵决策树的预测结果为第 3 类，则我们将样本判定成第 1 类。该算法优点包括能处理高维数据，且不需做特征选择；训练完后能找出相对重要的特征；无偏估计，模型泛化能力强；训练速度快，易做成并行化方法；训练过程中能检测到特征之间的影响；对不平衡的数据集能平衡误差；即使遗失了大部分特征，依然可以维持准确度。同时，该算法缺点包括在某些噪声较大的分类或回归问题上会过拟合；对于有不同取值属性的数据，取值划分较多的属性会对算法产生更大的影响，所以在这种数据上产出的属性权值是不可信的。

（6）多层感知机神经网络

多层感知机神经网络是一种前馈人工神经网络，其将输入的多个数据集映射到单一的输出的数据集上。除输入输出层外，它中间可以有一个或多个隐含层；接收多个信号，输出一个或多个信号。该算法优点包括能学习和存储大量输入–输出模式映射关系、泛化能力强、容错力强等。同时，该算法缺点包括网络训练失败的可能性大、有可能陷入局部极值、网络结构选择需根据经验确定（Yadav et al.，2019）。

（7）支持向量分类器

支持向量分类器是一类按监督学习方式对数据进行二元分类的广义线性分类器。支持向量分类器就是将支持向量机用于分类，是一种二元分类模型，其基本模型定义为特征空间上的间隔最大的线性分类器，即支持向量机的学习策略便是间隔最大化，最终可转化为一个凸二次规划问题的求解（Asefa et al.，2005）（图 6-12）。该算法优点包括在高维空间很有效；在特征数超过样本数的情况下仍然有效；在决策函数里使用一个训练点子集，进而存储有效；在决策函数里可以使用不同的核函数。同时，该算法缺点包括当特征数远超样本数时易过拟合，核函数和正则项的选择至关重要；不直接提供概率估计，而是使用 5 倍交叉验证来计算它们。

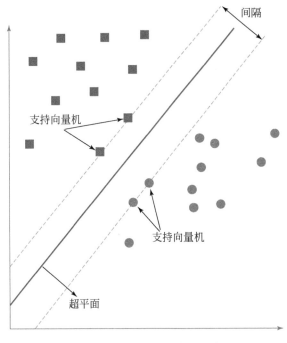

图 6-12　支持向量分类器示意

3. 模型训练与评估准则

对于不同污染物、不同算法需设置不同参数组进行训练，以找到不同算法对特定污染物的最佳预测模型。本次研究选用 Grid Search 网格搜索法来找到最优的模型参数。Grid Search 的原理是，在所有候选的参数选择中，通过循环遍历，尝试每一种可能性，表现最好的参数就是最终的结果。不同算法的遍历参数设置见表6-10。

表6-10 不同算法的遍历参数设置

算法	参数组
逻辑回归	• 解算器：liblinear、lbfgs、newton-cg、sag； • 惩罚参 C：1、10、50、100、500、1000、5000、10 000、20 000、50 000
决策树	• 最大特征数：auto、sqrt、log2
梯度增强决策树	• 弱学习器数量：10 ~ 150，间隔为5； • 学习率：0.05 ~ 1，以0.05为间隔取数； • subsample：0.5 ~ 0.9，以0.1为间隔取数
极限梯度提升	• 弱学习器数量：10 ~ 1000，间隔为10； • 最大深度：1 ~ 10，等间距取10个； • Min_child_weight：1 ~ 10，等间距取10个； • gama：0 ~ 1，等间距取100个； • subsample：0 ~ 1，等间距取100个； • colsample_bytree：0 ~ 1，等间距取11个； • reg_lambda：0 ~ 100，等间距取11个； • reg_alpha：0 ~ 10，等间距取100个； • eta：0.01 ~ 1，等间距取10个
随机森林	• 弱学习器数量：10 ~ 150，间隔为5； • oob_score：false、true
多层感知机神经网络	• 隐藏层结构：从2×5到3×10； • 激活函数：identity、logistic、tanh、relu； • 解算器：lbfgs、sgd、adam； • alpha：0.000 1、0.001、0.01、0.1、1、10； • 学习率：constant、invscaling、adaptive； • 初始学习率：0.000 1、0.001、0.01、0.1、10
支持向量分类器	• 惩罚参数：1、10、50、100、500、1 000、5 000、10 000、20 000、50 000 • 核函数：linear、rbf、poly、sigmoid • Gamma：0.000 1、0.000 5、0.001、0.005、0.01、0.1、0.2、0.3、0.4、0.5

对每一种污染物，不同算法分别训练的模型数量见表6-11。

表6-11 同一污染物条件下不同算法的模型数量

算法	逻辑回归	决策树	梯度增强决策树	极限梯度提升	随机森林	多层感知机神经网络	支持向量分类器	合计
模型数	50	3	2240	452	56	2592	400	5793

就任一算法，对每一种污染物训练出来的模型进行评价，以确定每一种污染物对应的最优模型。评价因子采用 $F1\text{-}Macro$ 指数［式（6-17）］。

$$F1\text{-}Macro = 2 \times (P \times R)/(P+R) \tag{6-17}$$

式中，P 为精确率；R 为召回率。$F1\text{-}Macro$ 数值越大，表示模型模拟结果越精准，其数值范围在 $0 \sim 1$。

6.2.2 加油站污染风险预测模型变量分析

诸如"是否营业""输油管类型""有无严重泄漏事故"等变量，其数据分布呈现"一边倒"，数据之间方差较小，从数据科学角度来说，属于"信息量"较少的变量（图6-13）。而"是否重点调查""运营主体""是否有防渗池""是否位于地下水保护区"等变量方差较大，因此可能包含更多的信息。

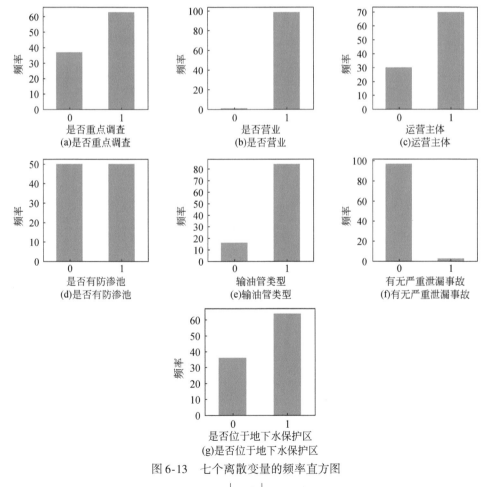

图 6-13　七个离散变量的频率直方图

3 个连续变量都呈现幂律分布的趋势，符合自然界与日常生活中大多数数据的分布情况（图 6-14）。然而，3 个变量同时在中间存在断层，如"建站时长"在 [8, 12] 存在明显断层，这可能无法捕捉建站时长在其取值为 8 ～ 12 时与地下水污染情况的关系。"油罐总数""单层罐总数"也存在不同程度的数据断层。

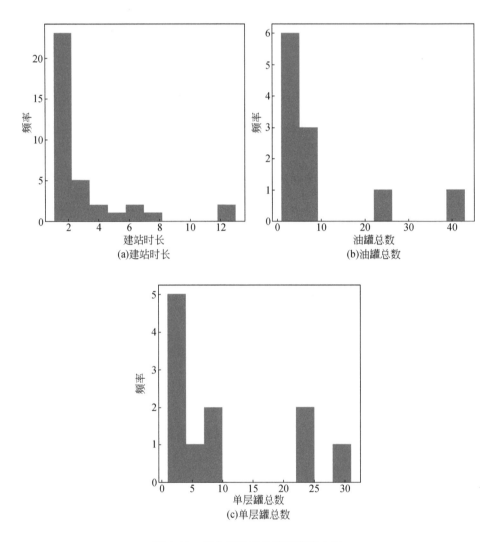

图 6-14　三个连续变量的频率直方图

待预测的地下水苯、甲苯、乙苯、对甲苯、MTBE、萘、1, 2-二氯乙烷（DCA）、1, 2-二溴乙烷（EDB）、地下水质量分类、TPH 10 种目标污染物（指标）数据以分类形式呈现，分类依据为《地下水质量标准》 （GB/T

14848—2017），因此它们所属的数据集合为［1，2，3，4，5］。该10种污染物（指标）的频率直方图如图6-15所示。横轴表示对应的污染物指标所属的地下水水质类别，除"地下水质量分类"以外，其他类别均以Ⅰ类水为主（图6-15）。10种污染物（指标）的数据均为幂律分布，其中如苯、甲苯等指标的Ⅱ类、Ⅲ类、Ⅳ类、Ⅴ类数据较少。

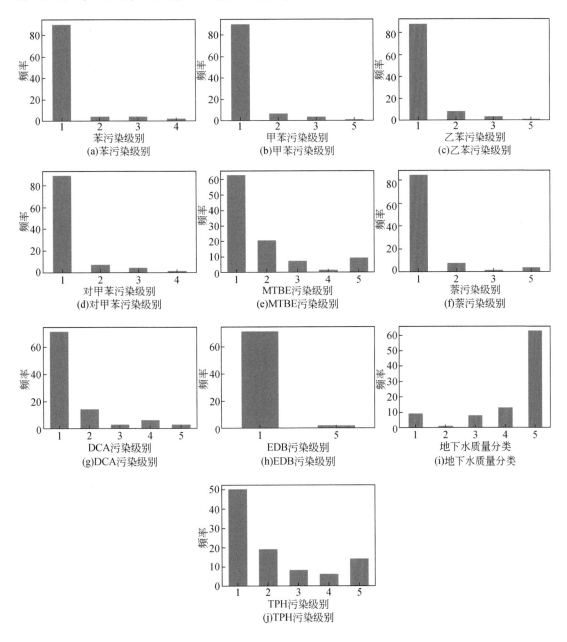

图6-15 地下水目标变量的频率直方图

6.2.3 加油站污染风险模型结果与分析

对不同污染物、不同算法分别进行完全网格搜索后，每一种污染物构建了5793个模型，10种污染物（指标）类别即 57 930 个模型。通过比较 $F1$-Macro 分数，得到不同污染物、不同算法训练出来的最优模型，即每种污染物（指标）对应的5793个模型中选出最优的一个（表6-12）。

表 6-12   10 种污染物（指标）的不同模型预测性能

污染物 （指标）	逻辑回归	决策树	梯度增强决策树	极限梯度提升	随机森林	多层感知机神经网络	支持向量分类器	最优
苯	0.4815	0.2115	0.6005	0.2368	0.2368	0.6108	0.4864	多层感知机神经网络
甲苯	0.2602	0.3346	0.3724	0.2898	0.2898	0.3746	0.3568	多层感知机神经网络
乙苯	0.3091	0.2956	0.3500	0.3770	0.3760	0.4428	0.3858	多层感知机神经网络
对甲苯	0.2968	0.3470	0.4279	0.4265	0.4056	0.5065	0.3896	多层感知机神经网络
MTBE	0.2778	0.2070	0.3508	0.3319	0.2489	0.3209	0.2941	梯度增强决策树
萘	0.4087	0.3354	0.3401	0.2869	0.2784	0.4382	0.4776	支持向量分类器
DCA	0.2760	0.2377	0.4657	0.2857	0.2743	0.4156	0.2857	梯度增强决策树
EDB	0.4889	0.4889	0.4889	0.4889	0.4889	0.4889	0.4889	决策树
地下水质量分类	0.2799	0.2064	0.3293	0.2968	0.2191	0.3391	0.3273	多层感知机神经网络
TPH	0.3274	0.3305	0.4756	0.3222	0.3961	0.5156	0.4646	多层感知机神经网络

对于苯、甲苯、乙苯、对甲苯、地下水质量分类、TPH 6 种地下水污染物（指标），使用多层感知机神经网络训练出来的模型能达到最准确的预测；而对于 MTBE 和 DCA，梯度增强决策树表现最好；决策树虽然是比较简单的算

法，但在预测 EDB 方面比其他算法表现更佳；支持向量分类器在预测萘时表现优秀；逻辑回归、极限梯度提升、随机森林等则表现欠佳，这可能与这些算法本身的缺点有关，如随机森林不适用于噪声较大的数据，而地下水数据噪声往往很大。

6.2.4 加油站污染风险模型预测分析

根据已构建的最优模型，分别对 10 种污染物（指标）进行预测，得到的预测结果投影在中国地图上（图 6-16 ~ 图 6-25）。

全国 39 634 个加油站中，124 个可能受到苯污染（污染物浓度低于《地下水质量标准》所规定的Ⅳ类水标准），559 个可能受到甲苯污染，48 个受到乙苯污染，1245 个受到对甲苯污染，4068 个受到 MTBE 污染，37 个受到萘污染，4187 个受到 DCA 污染，1048 个受到 EDB 污染，3076 个受到总石油烃污染；水质综合指数在Ⅳ ~ Ⅴ类水区间的为19 333个（图 6-16 ~ 图 6-25）。

图 6-16　全国地下水苯污染预测

图 6-17　全国地下水甲苯污染预测

图 6-18　全国地下水乙苯污染预测

对甲苯水质等级
- Ⅰ类水
- Ⅱ类水
- Ⅲ类水
- Ⅳ类水
- Ⅴ类水

图 6-19　全国地下水对甲苯污染预测

MTBE水质等级
- Ⅰ类水
- Ⅱ类水
- Ⅲ类水
- Ⅳ类水
- Ⅴ类水

图 6-20　全国地下水 MTBE 污染预测

图 6-21　全国地下水萘污染预测

图 6-22　全国地下水 DCA 污染预测

图 6-23　全国地下水 EDB 污染预测

图 6-24　全国地下水质量分类预测

图 6-25　全国地下水 TPH 污染预测

　　具体来看，受到苯污染的加油站主要分布在内蒙古、宁夏、山东、山西、珠三角、福建东南沿海等区域；受到甲苯污染的加油站主要分布在内蒙古、华北、东北、新疆、贵州等区域；受到乙苯污染的加油站主要分布在内蒙古；受到对甲苯污染的加油站主要分布在天津、内蒙古、新疆、黑龙江、吉林、山西、贵州等区域；受到 MTBE 污染的加油站分布较为广泛；受到萘污染的加油站总体数量不多，分布比较零散；受到 DCA 污染的加油站主要分布在辽宁、重庆、宁夏、山西等区域，广东西部也有密集分布；受到 EDB 污染的加油站分布较为广泛；受到 TPH 污染的加油站主要分布在辽宁，其他区域也有分布。从综合指标来看，我国加油站的地下水面临着较大的污染风险（图 6-16 ~ 图 6-25）。

6.3 区域场地污染评估与风险预测大数据系统构建

6.3.1 研究方法

(1) 土壤-地下水耦合数值模拟方法及数值求解过程

由于水流和溶质运移控制方程均与流体密度密切相关，因此，将水流和溶质运移通过表示流体密度效应的浮力项进行非线性耦合，利用 FEFLOW 软件实现土壤-地下水耦合数值模拟。

模型在非饱和带基于以下假设（Diersch，2014）：①气液分离，唯一动态相是液相。②流体运动符合达西定律，在模拟中不断根据瞬时条件改变潜水面的位置。

采用 Galerkin 有限单元网格及上游加权法对水流及溶质运移的控制方程进行求解，采用预处理共轭梯度（preconditioned conjugate gradient，PCG）法求解水流控制方程，采用预处理正交最小化（ORTHOMIN）法求解溶质运移控制方程。

(2) 数值模型构建

研究区（约 11.16km²）未形成完整水文地质单元。根据水文地质调查结果，将河流西北侧约 3.5km 处等水位线作为模拟区上游边界，下游以河流为边界。垂向上，以地表作为模拟的上边界，底部泥质粉砂岩为下边界，总深度约为 23m。模型垂向上剖分为 6 层，每层厚度由插值获得。研究区内地下水主要接受降水及地表水的补给，流向为自西北向东南流向河流。

研究区地下水污染主要由上层渣土长期淋溶导致六价铬不断释放穿过包气带进入含水层所致。六价铬和三价铬在运移过程中可能会发生相互转化。将场地调查获取的浓度数据作为模拟的初始条件，在污染源全部清理后，无人工干预情况下，预测土壤和地下水中六价铬的时空变化趋势。

初始条件：初始水位为 48m，土壤含水量由模型计算求得。

垂直边界：上边界概化为降水入渗、蒸发边界；补给量由年平均降水量与蒸发量差值计算求得，设为 343mm/a；下边界概化为隔水边界。

侧向边界：上游边界概化为定水头边界，水头最大值为 56m，最小值为 54m，下游河流概化为定水头边界，水头最大值为 45m，最小值为 37m。

溶质边界：自由出流边界。

根据水文地质条件将研究区概化为非均质、各向异性三维非稳定渗流系统。通过土壤试验及相关文献获得土壤水力学特征参数，含水层的水文地质参数主要通过前期的水文地质调查获得（表 6-13）。

表 6-13 研究区水文地质参数取值

参数	非饱和区			饱和区		
	第一亚层	第二亚层	第二层	第三层	第四层	第五层
K_{xx}/(m/d)	0.0864	0.0864	0.1	1	33	4
K_{yy}/(m/d)	0.0864	0.0864	0.1	1	33	4
K_{zz}/(m/d)	0.0864	0.0864	0.01	0.1	3.3	0.4
孔隙度	0.5	0.1	0.05	0.1	0.3	0.1
最大饱和度	1	1	1	—	—	—
剩余饱和度	0.12	0.12	0.12	—	—	—
α/(1/m)	1.2	1.2	1.2	—	—	—
n	3	3	3	—	—	—

溶质运移考虑对流、弥散、吸附、反应衰减等过程。弥散系数与土壤性质有关，通过试验由"三点公式"求得（陈彦和吴吉春，2005）。纵向弥散度为弥散系数与平均孔隙水流速度之比，横向弥散度取纵向弥散度的 1/5。根据线性等温平衡吸附规律，利用试验确定六价铬的分配系数，阻滞系数为分配系数与介质密度的乘积。反应衰减主要考虑六价铬的氧化还原反应，反应系数在野外分析的基础上结合前人研究成果进行整理分析综合确定（王焰新，2007）（表 6-14）。

表 6-14 溶质运移模型参数取值

参数	非饱和区			饱和区		
	第一亚层	第二亚层	第二层	第三层	第四层	第五层
弥散系数/(10^{-9}m²/s)	200	200	200	2300	2300	2300
纵向弥散度/m	1	1	1	100	100	100
横向弥散度/m	0.2	0.2	0.2	20	20	20
阻滞系数	0.1	0.1	0.1	0.01	0.01	0.01
反应系数/(10^{-4}/s)	0.0016	0.0016	0.0016	0.0016	0.0016	0.0016

（3）模型识别验证

参数校验主要采用"试错法"。初始流场采取的校验方法是将研究区参数初始值输入模型，经过稳定流计算得到天然流场，然后根据实际观测水位对天然流场进行参数校正，得到校正后的地下水初始流场（图6-26），将模拟值与实际值进行拟合（图6-27）。经分析，模拟值与实际值相关系数 R^2 为 0.9996，均方差（MSE）为 0.0921，RMSE 为 0.3035（图6-27），表明模型初始流场基本符合研究区实际水文地质条件，可以反映实际流场特征，故可利用该模型得到的流场作为非稳定流的初始流场并以此为基础进行溶质运移模拟。

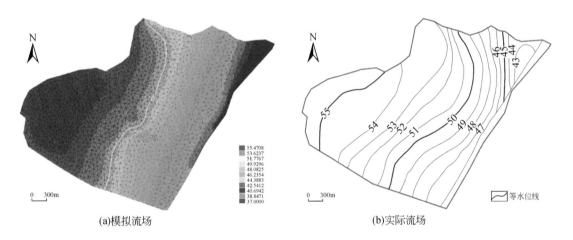

（a）模拟流场 （b）实际流场

图 6-26　研究区模拟流场与实际流场

实际流场来源于湘乡县城涟水河谷平原等水位线图

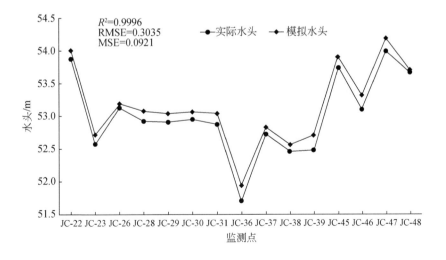

图 6-27　模拟值与实际值拟合

6.3.2　土壤和地下水模拟预测结果

根据场地污染现状设置模型初始条件。在降水淋滤作用下，土壤中六价铬不断向下运移，并向四周扩散。第 28 天时土壤中六价铬浓度达到最大值。此后，土壤中六价铬浓度逐渐降低。第 378 天时土壤中污染羽的分布范围达到最大，场地东南侧迁移距离最大，约为 300m，北侧最短，约为 90m。

地下水流动是六价铬在含水层运移的主要驱动力，结合研究区地下水流场可知，污染物主要向污染场地东南侧的河流迁移（图 6-28）；第 10 天时运移至场地南侧边界附近；第 25 天时运移至东北侧边界附近；第 49 天时主要含水层六价铬浓度达到最大值。在此之前，由于土壤中六价铬不断下渗，东、西两个渣场以及两场之间区域浓度均较高，而后随着入渗补给含水层中污染物浓度逐渐降低。第 585 天时污染羽迁移至河流。

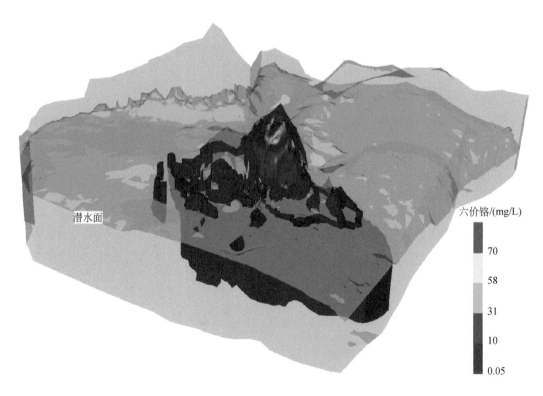

潜水面

六价铬/(mg/L)

70
58
31
10
0.05

图 6-28　污染物迁移至河流时污染羽三维分布

6.3.3 参数敏感性分析

土壤是地下水污染的重要媒介，污染物主要是通过大气降水、地表水或灌溉水入渗淋滤从土壤进入地下水。因此，简化溶质运移模型，仅进行初始污染物存在于上层土壤情况的参数敏感性分析。已有研究表明，降水量、阻滞系数及反应系数会对污染物运移产生影响（张俊杰，2018）。为此，分别改变降水量、阻滞系数和反应系数探讨其对污染物运移的影响。

（1）降水量对污染物运移的影响

为查明降水入渗变化对潜水面波动以及污染物运移的影响，将降水入渗条件设置为时变情景。依据研究区近年的降水量和蒸发量统计资料，将丰水期（每年的7~8月）入渗补给量设为200 mm/a，枯水期（每年的9月至次年6月）设为15mm/a。结果显示，每一个丰水期过后约15天，非饱和带土壤底部的污染物高浓度区域面积均会有所回升，上升约8天后，含水层达到新的收支平衡，此后非饱和带中污染物浓度再次开始下降。主要是由于降水首先要补给包气带，地下水对降水补给的响应存在滞后性。当补给到达含水层之后，地下水位上升，非饱和带中污染物浓度随之增大，随着污染物的不断下渗以及降水补给的持续淋洗，非饱和带和饱和带中的污染物浓度均逐渐降低。

（2）阻滞系数对溶质运移的影响

阻滞系数是分配系数与固体体积百分数的乘积，无量纲，与含水率密切相关。饱和含水率为定值，而非饱和带含水率变化较大，因此，仅考虑非饱和带土壤阻滞系数对溶质运移的影响。

当阻滞系数相差两个数量级时，曲线变化明显，污染物运移速度变缓，同一距离处污染物的浓度降低（图6-29）。阻滞系数的大小表征土壤颗粒对污染物吸附能力的强弱，阻滞系数越大，吸附作用对污染物的阻滞作用越大，污染物迁移越慢。阻滞系数对污染物运移的影响可能源于研究区土壤中含有黏性土，黏性土颗粒高度分散，电荷不均衡，表面能较大，可以吸附水中六价铬（Anwar et al.，2010）。另外，在较大时空的模拟中，阻滞系数一般是由实验室测定的分配系数通过溶质运移控制方程中的阻滞系数计算公式求得，然而通过实验直接测得的阻滞系数要低于计算值，可能会导致计算结果大于实测值。因此，在有条件的情况下，应采用实验方式直接测定阻滞系数（谢永波等，2007）。

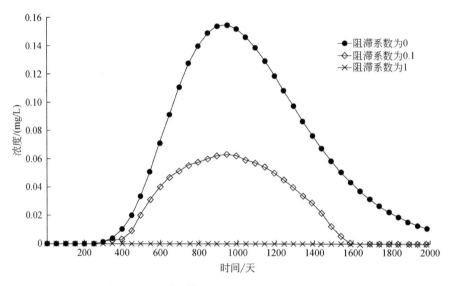

图 6-29　不同阻滞系数河岸处浓度随时间的变化

（3）反应系数对污染物运移的影响

反应系数是六价铬被还原成三价铬的速率。当反应系数增大两个数量级时，曲线变化极其明显，污染物运移速率变缓，同一距离处浓度显著降低（图 6-30）。现有研究发现（Kotas and Stasicka，2000），正常 pH 条件下，在天然水体中，三价铬和六价铬之间可以相互转化，六价铬可被某些还原性物质还

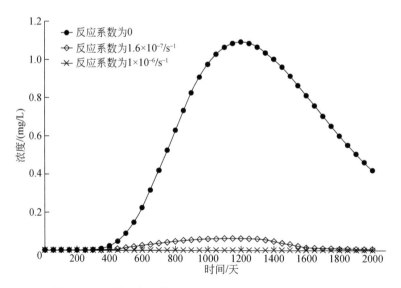

图 6-30　不同反应系数下河岸处观测点浓度随时间的变化

原为三价铬，三价铬也可被氧化成六价铬。六价铬极易溶于水，而三价铬在水溶液中则以难溶的沉淀形式存在。因此，当六价铬被还原成三价铬时，形成沉淀后析出，地下水中六价铬浓度降低。

6.3.4 土壤–地下水污染评估与风险预测系统

基于变饱和模拟软件 FEFLOW，采用 Galerkin 有限单元网格及上游加权法对水流及溶质运移的控制方程进行求解，对于单元矩阵的评估采用"影响系数"矩阵技术，选取基于弦–斜率的 Picard 迭代方案。使用预处理共轭梯度法求解水流控制方程，用预处理正交最小化法求解溶质运移控制方程。在软件中输入非饱和土壤参数和水文地质资料以及现场污染物分析数据，构建变饱和渗流三维模型和污染物溶质运移三维模型，之后开展数值求解。

通过 FEFLOW 获取可靠的场地不同时间污染物预测结果，整体导出不同时间、每个层位中每个网格节点的坐标和浓度等数据。基于污染评估算法，结合创新提出的考虑污染物超标倍数及范围因子全程再计算方法，结合比例标度表计算两个因子对应权重，对获取的风险预测结果进行污染评估，定量刻画不同时刻场地的污染风险。最后利用系统导出不同时刻场地污染风险图，用于现场决策制定使用。土壤–地下水污染评估与风险预测系统框架如图 6-31 所示。

污染评估与风险预测系统包括输入界面、输出界面和一套计算代码（图 6-32）。输入界面包括四部分：第一部分为未污染土壤厚度、分配系数、入渗速率、土壤有机碳含量、渗透系数、水力梯度、纵向弥散度、地下水及邻近区域地表水用途、场地周边 500m 内的人口数量的权重；第二部分为超标倍数和超标范围的分级评分；第三部分为未污染土壤厚度、分配系数、入渗速率、土壤有机碳含量、渗透系数、水力梯度、纵向弥散度、地下水及邻近区域地表水用途、场地周边 500m 内的人口数量的分级评分；第四部分为场地预测因子标准值输入窗口。第一部分输入 11 个参数。第二部分输入 11 个参数对应的分值。第三部分输入 2 个参数，取值范围 1~10。第四部分输入 1 个参数，浓度标准值。

输出界面由三个界面组成：第一界面为不同时刻的污染场地风险评价总得

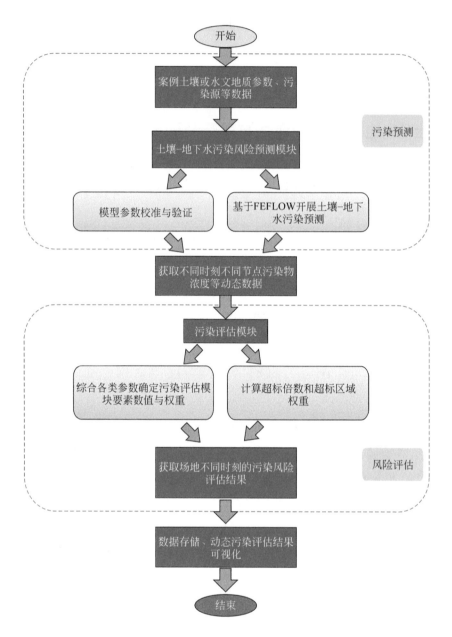

图 6-31 土壤–地下水污染评估与风险预测系统框架

分，通过下拉菜单获取，同时显示不同时刻污染风险评价等级图。第二界面为不同时间污染物分布图获取窗口，输入需要观测的污染物分布时间。第三界面主要显示对应的不同时刻污染物风险预测结果。计算代码主要基于层次分析法计算超标倍数和超标范围的权重，结合在输入界面输入的其他指标权重和各指标的分级评分计算污染场地风险评价总得分。

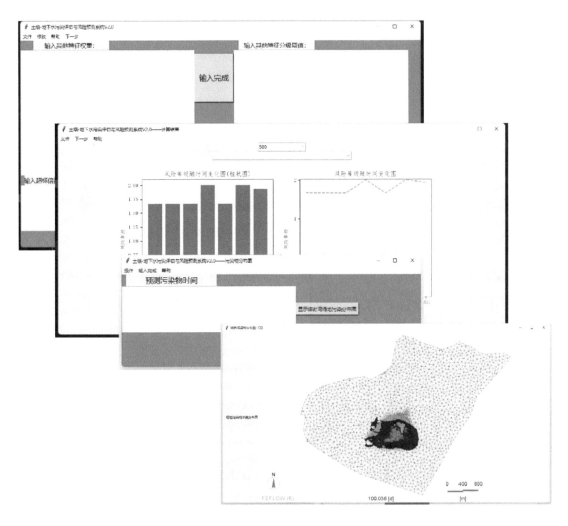

图 6-32　土壤–地下水污染评估与风险预测系统主要界面

主要计算过程：①利用 FEFLOW 软件建立污染场地模型，输出不同时刻的节点浓度数据；②在输入界面输入其他指标的权重和各指标的分级评分；③通过代码读取节点浓度数据，计算超标倍数和超标范围的权重；④结合其他指标的权重和各指标的分级评分，计算污染场地风险评价总得分，并在输出界面输出。

此外，污染评估与风险预测系统还提供了多个辅助信息界面，包括下一步计算、退出程序、帮助信息、输入指导等信息，用以完善用户体验。该系统已经制作成单机版 exe 可执行程序（图 6-33）。

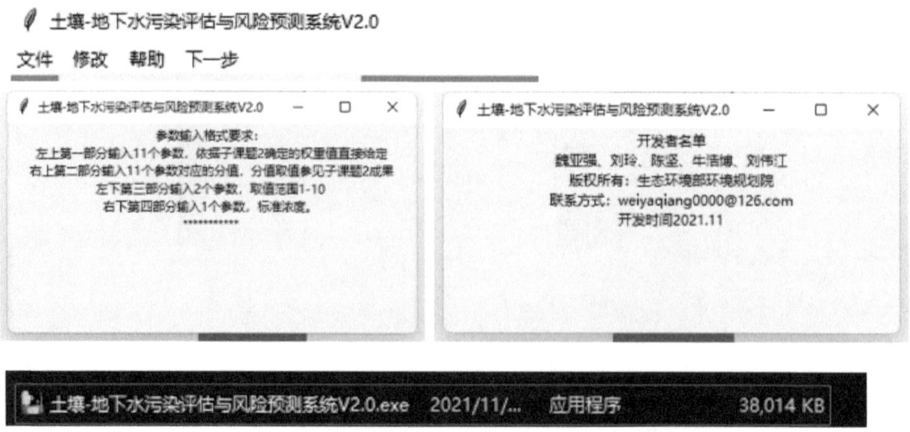

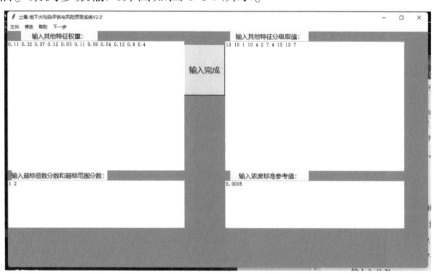

图 6-33　污染评估与风险预测系统辅助信息及单机版展示图

以某污染场地为研究对象，开展污染评估与风险预测系统应用的案例研究。使用参数权重及打分结果，结合开展的某污染场地模拟预测结果，模型输入参数如下：

输入 1 = '0.11 0.32 0.07 0.12 0.03 0.11 0.08 0.04 0.12 0.6 0.4'

输入 2 = '10 10 1 10 4 2 7 4 10 10 7'

输入 3 = '1 2'

输入 4 = '0.0005'

单击输入完成，立即开始计算。同时，使用 20 个不同时间风险预测结果开展评估。案例参数输入界面如图 6-34 所示。

图 6-34　案例研究中参数输入界面

该系统计算后获取不同时间的场地污染风险动态变化（图 6-35）。由图 6-35 可以看出，随着时间的变化，在 500 天后场地污染加重，在 1500 天后污染逐渐减轻。

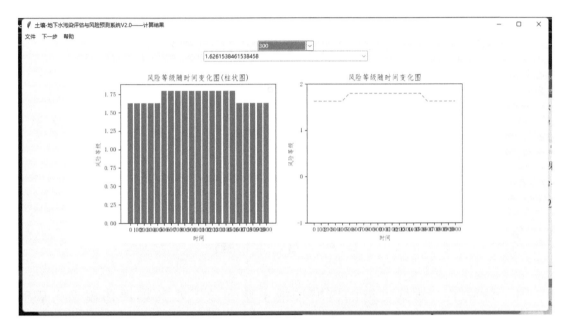

图 6-35　案例动态风险评估计算界面

以第 1500 天为例，该系统还可以提供不同时间点的风险预测结果（图 6-36 和图 6-37）。

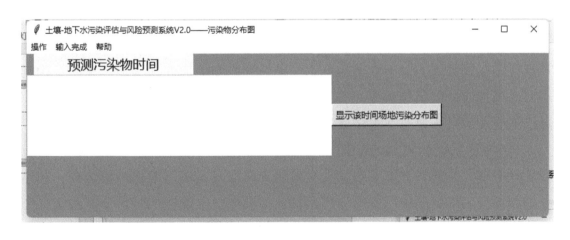

图 6-36　风险预测结果显示时间输入

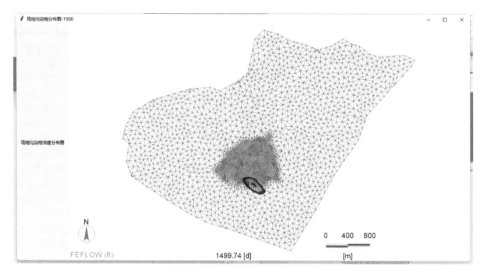

图 6-37　第 1500 天时污染物分布

6.4　小　　结

1）建立了大数据支持的区域场地土壤和地下水污染评估模型。基于 Rosetta 模型，采用人工神经网络，根据土壤水力学特征参数，预测 van Genuchten 模型中四个土壤特征曲线参数，实现土壤水流通量和含水量变化计算；针对重金属和有机污染物，建立其在包气带和饱和带中迁移预测模型，实现对某尾矿场地的包气带和饱和带中重金属的污染羽迁移预测及某城市工业区搬迁遗留场地有机污染物迁移扩散预测。

2）开发了大数据支持的区域场地污染风险预测方法。融入地下水中苯、甲苯、乙苯、对甲苯、MTBE、萘、DCA、地下水质量分类、TPH 以及土壤 TPH 等污染物数据，以 106 个地下水污染情况已知的加油站场地为基础，构建不同污染物的最优预测模型。在此基础上，预测得到全国 39 634 个仅基础信息已知的加油站场地地下水污染情况。

3）构建了基于 FEFLOW 的土壤–地下水污染评估与风险预测系统框架。在软件中输入非饱和土壤参数和水文地质资料以及现场污染物分析数据，利用变饱和渗流三维模型和污染物溶质运移三维模型，实现每个网格节点的坐标和浓度数据导出，结合比例标度表计算污染物超标及范围两个因子的权重，对获取的风险预测结果进行污染评估，定量刻画不同时刻场地的污染风险。

第 7 章　区域场地污染风险管控技术研究

7.1　区域场地污染风险快速筛查模型

7.1.1　数据准备

基于公开数据，利用疑似污染场地数据整合方法、网络爬虫技术、数据清洗技术等一系列技术方法，从政府公开网站获取了疑似污染场地数据信息，每个疑似污染场地的信息包括其经纬度、场地名称和生产经营起始年份；还从公众环境研究中心收集了污染场地其他属性信息，包括在线监测超标次数、环境监管次数、环境监管反馈状态以及绿色选择联盟状态。此外，健康风险被认为是与疑似污染场地相关的最严重的风险之一。因此，通过收集健康危险点（癌症发病率或死亡率显著高于同期全国平均水平的村庄），计算疑似污染场地与最近健康风险点的距离。使用的所有属性来源见表 7-1。

表 7-1　场地快速风险筛查的属性

组成部分	属性	描述	参考
污染源 （场地污染现状）	在线监测超标次数	代表场地最近污染状况	文献
	经营活动时间	表示场地的活动时间	文献
	环境监管次数	代表场地非法排放的污染物	文献
污染响应 （场地管理水平）	环境监管反馈状态	代表场地对污染违规的回应	文献
	绿色选择联盟状态	代表场地在预防污染方面的工作	文献

组成部分	属性	描述	参考
受体 （敏感受体风险）	与最近健康风险点的距离	代表场地可能带来的危害	本研究计算

7.1.2 基于机器学习的场地数据挖掘模型

机器学习模型依靠数据驱动，通过反复迭代训练，从海量数据中学习并提取有用的知识信息。随机森林是一种用于分类或回归的基于树结构的集成模型 $\{h(X, \theta_k), k=1, \cdots\}$ ［式（7-1）］，且参数集 $\{\theta_k\}$ 是独立同分布的随机向量，基于 Bagging 的算法随机地创建一系列分类或回归树，分类或回归树的每个节点根据随机选取的所有变量子集中的最优变量进行分割，在给定自变量 X 下，每个决策树都有一票投票权来选择最优分类或预测结果，最终通过对大量决策树的汇总从而提高模型的分类或预测精度（方匡南等，2011；Belgiu and Dragut，2016；Maxwell et al.，2018）。

$$H(x) = \underset{Y}{\mathrm{argmax}} \sum_{i=1}^{k} I(h_i(x) = Y) \tag{7-1}$$

式中，$H(x)$ 为集成模型；h_i 为单个决策树模型；Y 为输出变量；$I(\cdot)$ 为示性函数。

随机森林的分类或预测主要步骤是：

1）利用 Bootstrap 抽样从原始训练集抽取 k 个样本；

2）对 k 个样本分别建立 k 个决策树模型，得到 k 种分类或预测结果；

3）根据 k 种分类或预测结果对每个记录进行投票表决决定其最终结果。

在本研究中，将众多场地污染影响因素基于树的结构层层分解，找出变量之间的共性关系以及差异，筛选得出贡献率最高且消除信息重叠后的最佳自变量，即对场地污染风险影响最大的几项因素（图7-1）。

7.1.3 场地污染风险快速筛查

1）当前《在产企业地块风险筛查与风险分级技术规定（试行）》《关闭搬

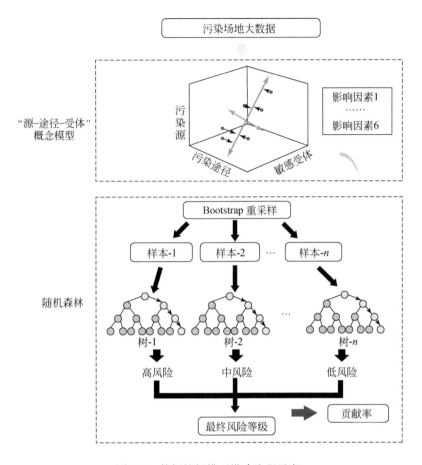

图 7-1　数据挖掘模型搭建流程示意

迁企业地块风险筛查与风险分级技术规定（试行）》根据地块土壤/地下水污染源、污染物迁移途径和受体等基础信息资料构建评价指标体系，包含"土壤""地下水"2 项一级指标，"企业环境风险管理水平""地块污染现状""污染物迁移途径"和"污染受体"4 项二级指标，以及 37 项相关三级指标。评价指标均建立在企业地块基础信息采集基础上，现阶段信息采集时间、人力、物力成本高，且指标采集过程中主观性较强，同时还存在部分指标填报困难，指标在不同区域适用性差、填报尺度不一等问题。

为提升污染场地风险筛查的可操作性，降低人力物力成本，进一步优化评价指标体系，基于公开多源大数据，采用数据挖掘模型和网络爬虫，依据"源–途径–受体"风险概念模型，在数据可用性与可获取性的前提下，构建场地污染风险快速筛查模型，对场地污染风险影响因素进一步缩减优化，共得到相关风险影响因素 6 项，与国家重点行业企业用地详查的风险筛查模型相比，大大减少指标数量，进一步消除变量冗余问题，提高计算效率与精度，减少变量获取难度。

2）根据构建的基于大数据的场地污染风险快速筛查模型，应用机器学习的方法得出各场地污染风险影响因素的重要性排序 [图 7-2（a）]，通过平均精度下降率衡量其重要性程度，即把一个变量的取值变为随机数，预测准确性的降低程度，该值越大表示该变量的重要性越大。其中对风险等级影响最高的前三项分别为"经营活动时间"、"环境监管次数"和"在线监测超标次数"，均属于"污染源"一类，影响程度最弱的是"绿色选择联盟状态"。

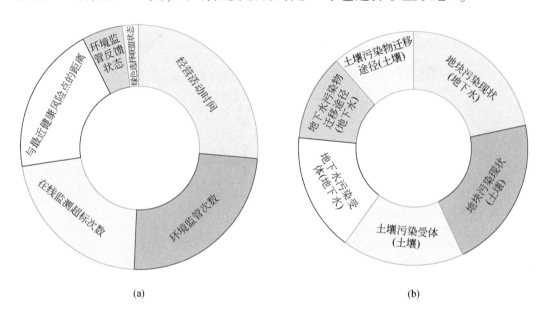

(a)   (b)

图 7-2 基于大数据的场地污染风险快速筛查模型（a）和国家风险筛查模型对场地污染风险影响因素的重要性排序（b）

对比国家在产/关闭地块风险筛查模型指标重要性排序 [图 7-2（b）]，在两种评价方法中，对场地污染风险影响最大的均为"源–途径–受体"概念模型中的污染"源"这一类别，其次均为"敏感受体"，该结果也侧面反映出本研究建立的风险快速筛查模型具有可信度。

3）本研究以典型区域企业用地为例，基于公开的场调报告、环评数据，配合实地选点采样及走访调研，获得了具有代表性的样本企业地块（共 3073

块）及其风险等级，并将其按 7：3 划分为建模集与验证集，通过迭代训练，该模型在建模集与验证集均得到较理想结果。在建模集中，正确识别高风险地块 199 块，中风险地块 1171 块，低风险地块 154 块，其中对中风险地块识别率最高，达 90%；在验证集中，高风险地块识别率 36.2%，低风险识别率 67.4%，中风险识别率最高，达 89.6%，验证集地块总的识别率为 64.4%（图 7-3）。结果表明，该模型对中风险地块较敏感，识别效果较好，对高风险和低风险地块识别能力较差，究其原因，中风险地块在三类风险等级地块中占比最大，因此模型在学习和预测过程中倾向于将地块识别为中风险。

<table>
<tr><td>(a)高风险识别率</td><td>(b)中风险识别率</td><td>(c)低风险识别率</td></tr>
</table>

图 7-3 风险快速筛查模型中验证集的识别率

7.2 区域土壤重金属污染风险分区与管控方法

7.2.1 材料与方法

1. 基础数据

土壤类型栅格数据 1 套、植被类型栅格数据 1 套、土壤有机质矢量数据 1 套、土壤 pH 矢量数据 1 套、工业企业数据 250 条（主要来源于百度地图的 POI 和管理部门的日常监管数据）、河流矢量数据 1 套、交通路网矢量数据 1 套（主要来源于百度地图路网数据）、土地利用类型栅格数据 1 套、人口密度栅格数据 1 套（主要来源于 2020 年统计年鉴）。

2. 土壤样品采集与分析测试

2021 年 6 ~ 7 月，基于初步掌握的土壤污染现状，在研究区中部区域加密布设点位（布点精度 1.5km×1.5km），东、西部区域减少点位布设（布点精度 4km×4km），采集 577 个土壤表层样品（0 ~ 20cm），同时记录各采样点的土壤类型、土地利用类型、植被覆盖、地形、海拔、经纬度等信息（图 7-4）。采用原子荧光光谱法测定样品中砷和汞浓度；采用火焰原子吸收分光光度法测定样品中铬、铅、铜、锌和镍浓度；采用石墨炉原子吸收分光光度法测定样品中镉浓度。

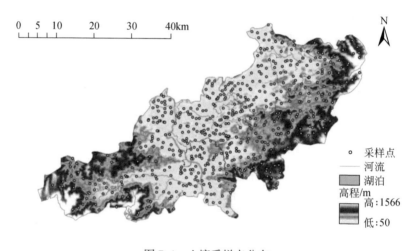

图 7-4 土壤采样点分布

3. 大数据算法基本原理

（1）多元线性回归

线性回归常被用来研究因变量与自变量间的线性决定关系。假如只存在一个自变量，则称为一元线性回归，当存在两个及以上自变量时，则称为多元线性回归。显然，土壤重金属污染并不只是受单一的污染源控制，而是受多个污染源共同影响的结果。多元线性回归［式（7-2）］易于进行建模、形式相对简单，其中蕴含着机器学习的重要思想。因此，多元线性回归被广泛用作统计分析工具。

$$Y = a + b_1 x_1 + b_2 x_2 + \cdots + b_n x_n \tag{7-2}$$

式中，Y 是因变量；a 是截距；b_1，b_2，$\cdots$，b_n 是偏回归系数；x_1，x_2，$\cdots$，x_n 是自变量；n 是自变量的数量。

（2）随机森林

随机森林是利用多棵决策树对样本数据进行训练并预测的机器学习模型。随机森林可以解释为若干自变量（X_1，X_2，$\cdots$，X_k）对因变量 Y 的作用。假设因变量 Y 有 n 个观测值，则有 k 个自变量与之相关。

1）在构建分类树时，基于 Bootstrap 重新抽样方法，随机森林会随机地在原数据中重新选择 n 个观测值，其中有的观测值被选择多次，有的没有被选到；

2）随机森林会同时随机从 k 个自变量选择部分变量确定分类树节点，使得每次构建的分类树都可能不一样；

3）随机森林随机地生成几百个至几千个分类树，然后选择重复程度最高的树作为最终结果。

4. 实验设计

1）利用平均值、方差、变异系数、峰度、偏度等描述性统计指标，分析研究区 8 种重金属浓度空间分布，并对比其土壤背景值，初步分析研究区土壤重金属污染现状。

2）基于 577 个土壤浓度数据及土壤类型、土地利用类型、植被覆盖、高程、海拔、土壤有机质、土壤 pH、工业企业、矿山、道路及河流和人口 12 个环境协变量，分别利用多元线性回归及随机森林进行土壤重金属浓度拟合，探究不同环境变量对 8 种重金属浓度的影响权重和重要性。同时，利用普通克里金法绘制土壤重金属相对浓度空间分布图，考察土壤重金属空间分布特征。

3）利用模糊聚类分析确定最优的分类个数，将研究区划分为不同等级的潜在风险区域。

5. 算法性能评价指标

以 RMSE 和 R^2 为评价指标，确定土壤重金属浓度预测算法性能 [式（7-3）和式（7-4）］。

$$\text{RMSE} = \sqrt{\frac{\sum_{i=1}^{n} (\hat{z}_i - z_i)^2}{n}} \tag{7-3}$$

$$R^2 = 1 - \frac{\sum_{i=1}^{n} (\hat{z}_i - \bar{z})^2}{\sum_{i=1}^{n} (z_i - \bar{z})^2} \tag{7-4}$$

式中，n 为交叉验证集的数据个数；z_i 和 $\hat{z}_i$ 分别为样本 i 的实测值和预测值；$\bar{z}$ 是实测值的平均值。

7.2.2　土壤污染环境变量特征分析

研究区土壤类型包括石灰（岩）土、粗骨土、潮土、水稻土、红壤、黄壤，共计6类；主要土壤类型为水稻土和红壤，其中水稻土主要分布在北部地区，红壤在全区均有广泛分布；此外，黄壤主要分布在东北部及西南部地区，石灰（岩）土则主要分布在中部和南部地区（图7-5）。

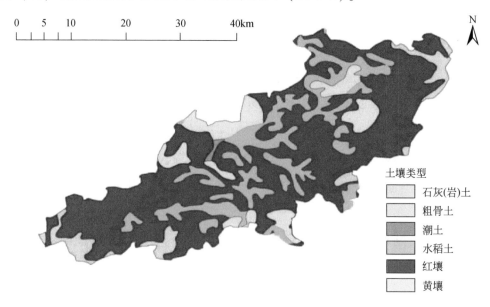

图 7-5　土壤类型空间分布

研究区主要植被类型包括针叶林、阔叶林、灌丛、栽培植物、草丛，共计
5 类；针叶林在全区均有广泛分布，阔叶林主要分布在东北部及西南部地区；
此外灌丛和栽培植物主要分布在中部地区，草丛则主要分布在西南部地区
（图7-6）。

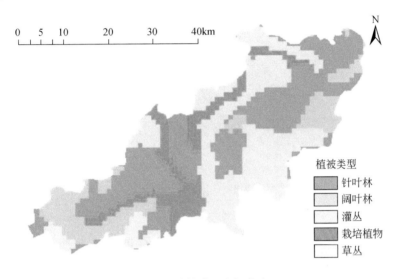

图 7-6　植被类型空间分布

研究区土壤有机质高值分布较为零散，除自然因素外，农业耕作方式也改
变了研究区的有机质分布情况（图7-7）。

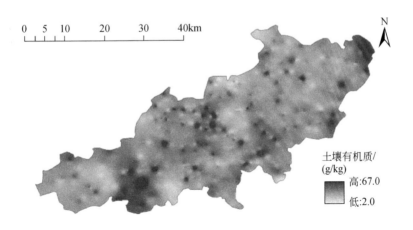

图 7-7　土壤有机质空间分布

研究区土壤 pH 高值区主要分布在中部地区，低值区主要分布在东南部和西部地区，表明研究区土壤 pH 的主要影响因素为自然因素（图 7-8）。

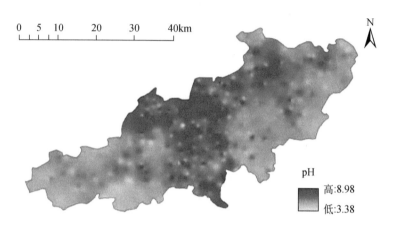

图 7-8　土壤 pH 空间分布

研究区工业企业主要分布在研究区中部特别是中北部地区，东部地区有零星分布，而西部地区则基本没有分布（图 7-9）。

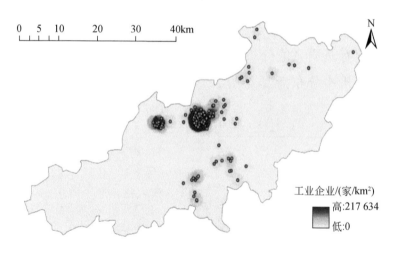

图 7-9　工业企业空间分布

近年来，工业污水排放造成河流污染，而随着河流远距离输送又可能造成河流周边土壤污染，将采样点距最近河流距离作为土壤污染重金属预测的环境变量之一。研究区所有河流均发源于山区，基本上向中部地区汇合后注入北江；除北江外，经由研究区流入北江的支流还有浈江、武江、南水和锦江（图 7-10）。

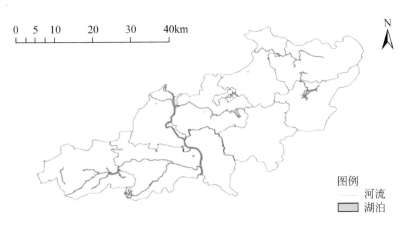

图 7-10　流域空间分布

研究区路网较为密集，其中中部和中北部地区路网遍布（图 7-11）。

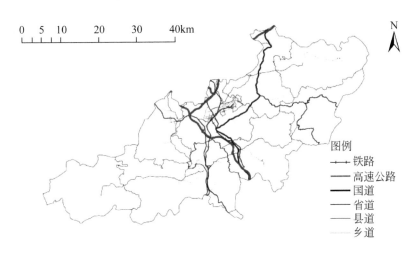

图 7-11　交通路网空间分布

研究区主要土地利用类型包括水田、旱地、林地、城镇用地和其他，共计 5 类；水田和旱地主要分布在东北部及西南部地区；林地则遍布全区；城镇用地分布较为分散，主要集中在城市中心及北部部分地区（图 7-12）。

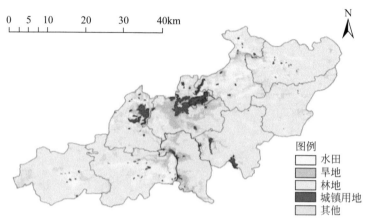

图 7-12　土地利用类型空间分布

　　研究区人口密度较高的地区主要集中在中北部地区，这部分地区是研究区的经济中心，也是工业分布、交通分布最为密集的区域（图 7-13）。

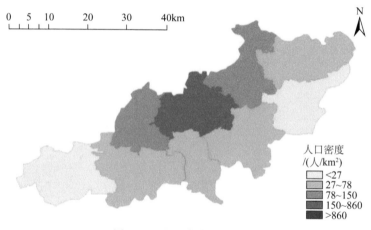

图 7-13　人口密度空间分布

7.2.3　土壤重金属浓度统计分析

　　研究区土壤重金属 As、Cd、Cr、Cu、Hg、Ni、Pb、Zn 的平均浓度为 24. 03mg/kg、0. 66mg/kg、57. 46mg/kg、29. 54mg/kg、0. 17mg/kg、18. 97mg/kg、81. 72mg/kg、128. 68mg/kg（表 7-3）。重金属 As、Cd、Cr、Cu、Zn 的平均浓度均高于当地土壤背景值，表明土壤中 5 种重金属可能受到人为活动的影响

（表 7-2）。土壤重金属变异系数排序为 Zn（319%）>Cd（200%）>Pb（173%）>Cu（153%）>Ni（141%）>As（140%）>Cr（86%）>Hg（82%），其中重金属 As、Cd、Cu、Ni、Pb、Zn 的变异系数均大于 100%，属于强烈变异，表明在空间上存在极高浓度，分布极不均匀，受外界影响剧烈；Cr、Hg 的变异系数大于 80% 且均小于 100%，属于中等变异，表明在一定程度上受人类活动的干扰。

表 7-2　土壤重金属统计分析

重金属	最小值 /(mg/kg)	最大值 /(mg/kg)	中位数 /(mg/kg)	平均值 /(mg/kg)	标准差	变异系数/%	背景值 /(mg/kg)	偏度	峰度
As	0.26	344.0	14.01	24.03	33.65	140	23.57	4.34	26.21
Cd	0.02	13.96	0.25	0.66	1.32	200	0.55	5.37	36.27
Cr	4.0	885.60	56.33	57.46	49.46	86	53.22	8.81	138.24
Cu	3.20	475.0	20.28	29.54	45.12	153	25.98	5.98	43.91
Hg	0.01	1.51	0.14	0.17	0.14	82	0.19	4.20	26.83
Ni	3.68	387.80	15.0	18.97	26.79	141	23.61	9.14	103.22
Pb	9.39	2588.11	56.06	81.72	141.53	173	87.67	11.59	181.59
Zn	11.05	8163.42	79.0	128.68	409.92	319	99.48	15.85	283.86

7.2.4　土壤重金属浓度预测算法筛选

随机选取 500 个样本作为训练集、77 个样本作为验证集；在此基础上，利用 RMSE 和 R^2 比较多元线性回归与随机森林的预测性能，确定最优算法为随机森林（表 7-3）。

表 7-3　两种模型预测性能比较

算法	参数	As	Cd	Cr	Cu	Hg	Ni	Pb	Zn
多元线性回归	RMSE /(mg/kg)	19.94	1.08	23.82	63.66	0.09	11.95	55.47	100.26
	R^2	0.33	0.63	0.54	0.30	0.55	0.43	0.42	0.49
随机森林	RMSE /(mg/kg)	19.23	0.98	21.57	63.37	0.09	10.56	59.88	105.88
	R^2	0.86	0.85	0.78	0.85	0.84	0.78	0.79	0.76

7.2.5 环境变量对土壤重金属浓度预测的重要性

通过计算环境协变量的贡献率，揭示不同环境协变量的相对重要性。As、Cd、Cr、Cu、Hg、Ni、Pb 和 Zn 的前 3 个累积贡献率分别为 51%、69%、45%、59%、56%、52%、50% 和 58%。As、Cu、Ni 的主要影响因子为工业企业，Pb 的主要影响因子为河流，Cd、Zn 的主要影响因子为土壤 pH，Hg 的主要影响因子为土壤有机质，Cr 的主要影响因子为人口，此外土壤类型（4.71%）和植被覆盖（6.06%）对土壤重金属污染影响较小（图 7-14）。

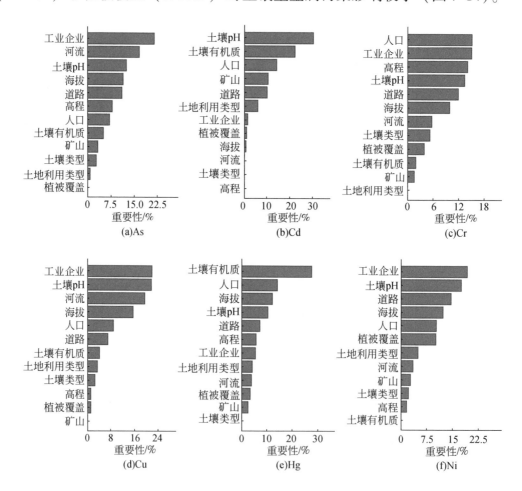

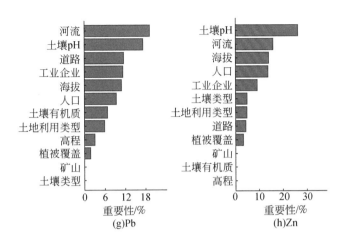

图 7-14　环境协变量重要性排序

7.2.6　土壤重金属空间分布刻画

As 在研究区东北部和中南部地区的浓度较高，其余地区浓度较低；Cd 的空间分布与 Cu、Hg、Pb、Zn 的空间分布相似，高值区域主要集中在中北部和中南部地区；Cr 和 Ni 在东北部地区的浓度较高，向外围呈下降趋势（图 7-15）。

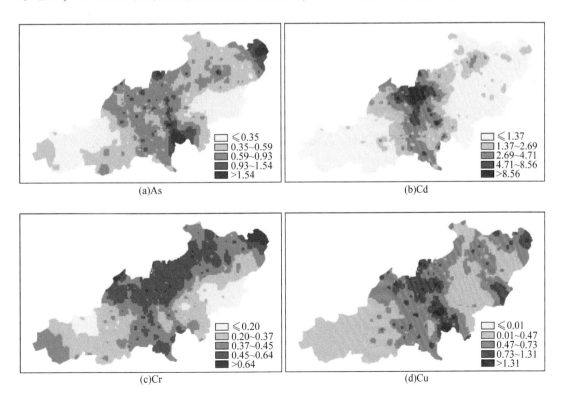

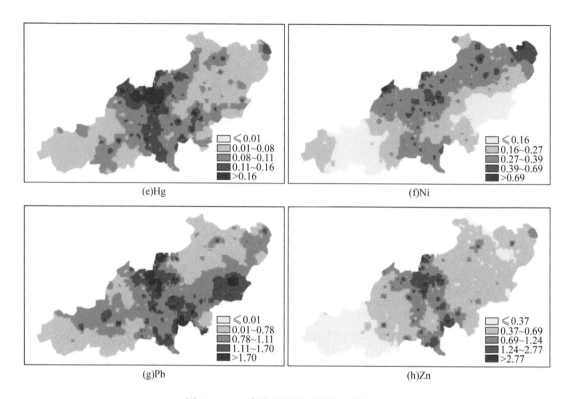

图 7-15　土壤重金属相对浓度空间分布

7.2.7　最佳聚类数量分析

基于管理分区分析（management zone analyst，MZA）软件对各环境因子进行分区拟合，以模糊性能指标（fuzziness performance index，FPI）与归一化分类熵（normalized classification entropy，NCE）最小为原则选取最优分类个数（图 7-16）。结果表明，最佳分类数为 2，相应的 FPI 值 0.018 最小、NCE 值 0.007 最小（图 7-16）。

7.2.8　土壤重金属污染风险分区

利用模糊聚类分析，将研究区划分为较高风险区域和安全区域。A 区域面积较大，主要分布在中部及东北部地区；B 区域分为两部分，分别位于西部和东南部地区（图 7-17）。

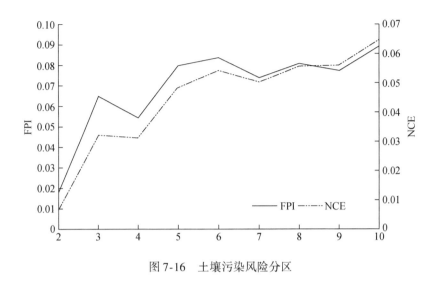

图 7-16　土壤污染风险分区

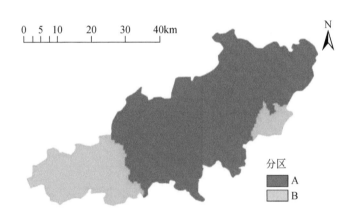

图 7-17　土壤重金属污染风险分区

7.2.9　区域土壤污染风险管控对策

A 区域被定义为高风险区域，其特征是 8 种重金属浓度均较高，土壤 pH 呈酸性（5.81），人口密度高（217.65 人/km²），且邻近工业企业（3.03km），需要严格管控土壤污染风险。B 区域被定义为低风险区域，其特征是高程较高（385.04m），远离工业企业（17.40km）、矿山（4.40km）和道路（3.16km），需要做好土壤污染优先保护（表 7-4）。对于高风险区域，可采取的场地土壤污染风险管控措施包括但不限于工程控制、制度控制、被动减缓/修复；对于低风险区域，需严防新增污染，持续长期监控，做好农业源和生活源的源头防控。综合图 7-15～图 7-17，人类活动进一步促进了重金属在土壤中富集，也一定程度上增加了土壤重金属污染风险。因此，应持续对土壤进行监测，及时采取加强企业监管等措施，以期有效管控土壤重金属污染风险。

表 7-4　分区环境协变量和土壤重金属均值

重金属及环境因子	单位	A	B
工业企业	km	3.03	17.40
矿山	km	3.92	4.40
道路	km	1.02	3.16
河流	km	3.84	3.00
人口	人/km²	217.65	189.14
高程	m	193.89	385.04
土壤有机质	g/kg	16.88	19.22
土壤 pH	—	5.81	4.93
As	mg/kg	25.82	11.64
Cd	mg/kg	0.73	0.20
Cr	mg/kg	60.65	36.93
Cu	mg/kg	29.92	17.86
Hg	mg/kg	0.18	0.14
Ni	mg/kg	20.53	9.36
Pb	mg/kg	84.93	76.71
Zn	mg/kg	139.05	61.51

7.3　区域场地污染风险管控智能决策方法

7.3.1　材料与方法

（1）基于决策树的区域场地污染风险管控智能决策方法

采用 CHAID、E-CHAID、CART 三种典型的决策树预测区域场地污染风险管控决策方法。CHAID、E-CHAID 可支持多叉树的生成，CART 仅呈现二叉树结构。CHAID、E-CHAID 只适用于分类变量，而 CART 可处理目标变量是连续型变量的情形，可有效解决分析中出现缺失数据的问题。此外，CART 不要求预测变量与目标变量之间具有某种特定的分布，还能有效地处理非线性问题的建模与求解。CART 使用基尼（Gini）系数来衡量节点的"不纯度"。

（2）风险管控决策方法决策树模型评价指标

采用准确率（ACC）、精确率（PRE）、召回率（REC）、$F1$ 值四个指标评估决策树性能，分别见式（7-5）～式（7-8）。

$$\text{ACC} = \frac{\text{TM}_1 + \text{TM}_2 + \text{TM}_3 + \text{TM}_4}{\text{TM}_1 + \text{TM}_2 + \text{TM}_3 + \text{TM}_4 + \text{FM}_1 + \text{FM}_2 + \text{FM}_3 + \text{FM}_4} \tag{7-5}$$

式中，ACC 表示被正确分类管控决策方法所占的百分比；TM_1、TM_2、TM_3、TM_4 分别为不同管控决策方法预测正确的样本数；FM_1、FM_2、FM_3、FM_4 分别为不同管控决策方法预测错误的样本数。

$$\text{PRE} = \frac{\text{TM}_i}{\text{TM}_i + \text{FM}_i} \tag{7-6}$$

式中，PRE 表示预测为某类管控决策方法的样本实际为某类的百分比；TM_i 为预测正确的样本数；FM_i 分别为预测错误的样本数。

$$\text{REC} = \frac{\text{TM}_i}{P_i} \tag{7-7}$$

式中，REC 表示某类管控决策方法预测正确的样本数占其实际样本数的百分比；TM_i 为不同管控决策方法预测正确的样本数；P_i 为不同管控决策方法实际样本数。

$$F1 = \frac{2 \times \text{PRE} \times \text{REC}}{\text{PRE} + \text{REC}} \tag{7-8}$$

式中，$F1$ 代表精确率和召回率的调和平均，为综合评价指标。

7.3.2 区域场地污染风险管控决策方法决策树模型构建

利用区域保护目标（RPG）、区域污染物类型（RPT）、区域企业平均生产年限（RAPP）、区域年平均风速（RAAWS）、区域地形地貌（RT）、区域道路网密度（RRND）、区域河网密度（RRD）、区域土地增值潜力（RLVP）、区域污染水平（RPL）、区域主导功能区（RDFA）、区域人均 GDP（RPCGDP）、区域企业密度（RED）、区域土壤阻隔能力（RSBC）、区域耕地密度（RCLD）、区域人口密度（RPD）、区域主导行业风险（RDIS）、区域污染范围（RPR）、区域地下水迁移能力（RGW）、区域年平均降水量（RAAR）、区域主导用地类型（RDLT）等多源数据，采用 CHAID、E-CHAID 和 CART 分别构建的区域场地风险管控决策方法决策树模型如图 7-18 所示。

CART-DT 在结构、生长的充分程度方面与 CHAID-DT、E-CHAID-DT 有显著差别。CHAID 和 E-CHAID 生成的是多叉树，而 CART 生成的是二叉树。CART-DT 生长的更充分，可能有利于分类预测性能提升（图 7-18）。

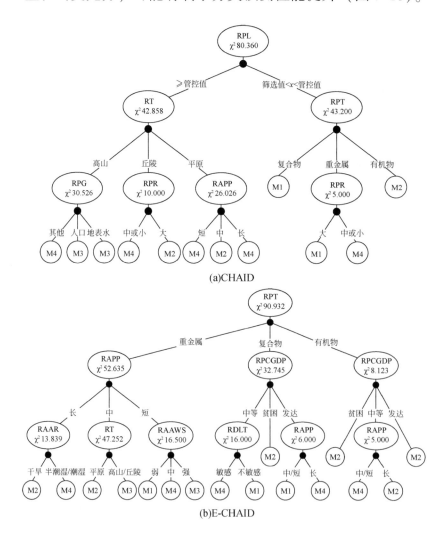

(a)CHAID

(b)E-CHAID

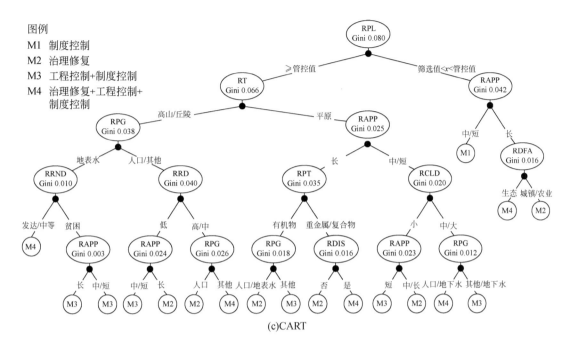

图 7-18 基于决策树的区域场地风险管控决策方法预测模型

7.3.3 决策树模型的性能评价结果

CART-DT 训练集和验证集的 ACC（83.20%、76.30%），均优于 E-CHAID-DT 的 ACC（79.20%，71.60%）和 CHAID-DT 的 ACC（73.50%，64.90%）（图 7-19）。CART-DT 训练集和验证集的 PRE、REC 总体优于 CHAID 和 E-CHAID，性能均衡（图 7-19）。此外，从综合反映 PRE 和 REC 间关系的指标 $F1$ 可知，CART 对不同管控决策方法（M1、M2、M3）预测性能（训练集分别为 81.80%、81.07%、85.70%；验证集分别为 90.89%、74.27%、71.43%）均优于 CHAID 和 E-CHAID（图 7-19）。训练集 M4 的 $F1$ 值（84.20%）也优于 CHAID 和 E-CHAID，仅验证集 M4 的 $F1$ 值（73.75%）介于 CHAID 和 E-CHAID 之间（图 7-19）。

CART-DT 具有较高的 ACC，PRE、REC、$F1$ 值均衡且稳定，总体优于 CHAID-DT 和 E-CHAID-DT（图 7-19）。CHAID 和 E-CHAID 采用的是局部最优原则，即节点之间互不相干，一个节点确定之后，下面的生长过程完全在节

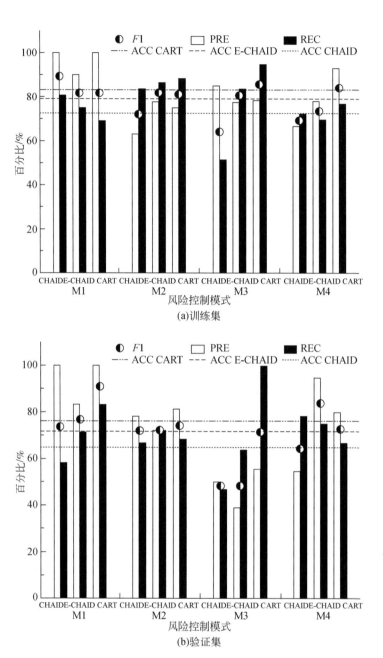

图 7-19　基于决策树的区域场地风险管控决策方法预测模型性能

点内进行。而 CART 则着眼于总体优化，即先让树尽可能地生长，并且在树的生长过程中，同一个自变量可以反复使用多次。CART 的总体优化特点可能是决策树更好解决区域管控方法决策的最佳算法之一。通过不同算法预测性能差异性分析，发现 CART-DT 预测区域场地风险管控方法的性能最佳。

7.3.4 输入变量对输出变量贡献率的影响

RPG、RPT、RAPP 对 CART-DT 输出的相对重要性非常高,分别达100.00%、66.70%、55.40%; RAAWS、RT、RRND、RRD、RLVP、RPL、RDFA、RPCGDP、RED、RSBC、RCLD 对 CART-DT 输出的相对重要性较高,分别高达47.00%、46.30%、36.40%、35.70%、34.10%、33.80%、33.80%、28.70%、27.50%、25.90%、25.70%; RPD、RDIS、RPR、RGW、RAAR、RDLT 对 CART-DT 输出的相对重要性也有一定贡献,分别为19.30%、18.80%、18.30%、17.70%、9.50%、6.30%(图7-20)。

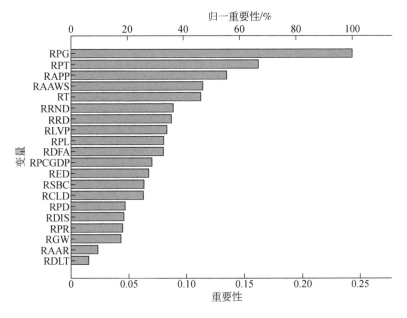

图7-20 输入变量对 CART-DT 输出变量贡献率的重要性

7.4 小 结

1)建立了区域场地污染风险快速筛查模型。采用网络爬虫获取公开数据,使用随机森林将场地污染影响因素进行层层分解,找出变量之间的共性关系以及差异,筛选出场地污染风险评价的最大影响因素。

2）构建了区域土壤重金属污染风险分区与管控方法。利用8种重金属浓度空间分布及描述性统计指标,分析土壤重金属污染现状,基于随机森林及多元线性回归得出12个环境协变量对8种重金属浓度的影响,通过模糊聚类分析将研究区划分出不同等级的两类潜在风险区域。

3）研发了区域场地污染风险管控决策方法。采用CHAID、E-CHAID、CART三种决策树,预测区域场地污染风险管控技术,确定最优模型为CART-DT,并确定区域保护目标、区域污染物类型、区域企业平均生产年限对CART-DT输出结果的相对重要性最高。

第8章 | 场地污染风险管控技术研究

8.1 场地污染风险管控模式推荐系统

8.1.1 材料与方法

(1) 基础数据

场地污染风险管控案例（274 个）：初步调查报告、详细调查报告、风险评估报告、治理修复实施方案、修复效果评估报告（图 8-1），其中案例涉及化学原料和化学制品制造业 104 个、有色金属冶炼和压延加工业 54 个，黑色金属冶炼和压延加工业 48 个，金属制品业 32 个，医药制造业 25 个，石油、煤炭以及其他燃料加工业 11 个。

(a)初步调查报告

(b)详细调查与风险评估报告

(c)治理修复实施方案

(d)修复效果评估报告

图 8-1 场地污染风险管控案例资料示例

（2）场地污染风险管控模式推荐相似度计算数值模型

案例表示：基于案例推理方法，采用特征向量表示每个案例。案例 $c =$ $(c_1, c_2, c_3, \cdots, c_m)$ 为一个非空有限集合，c_i（$1 \leqslant i \leqslant m$）为其中 c 的一个特征项，每个特征项对应案例中的一个属性。$\boldsymbol{W} = (w_1, w_2, w_3, \cdots, w_m)$ 为一个由 m 项组成的代表权重的向量。采用欧氏距离的 K 最近邻计算源案例与目标案例的相似度 $\text{sim}(s, t)$ [式（8-1）]。

$$\text{sim}(s,t) = 1 - \sqrt{\sum_{i=1}^{m}(w_i \times D_i(s,t))^2} \tag{8-1}$$

式中，i 为检索属性编号；m 为检索属性的总个数；w_i 为编号 i 属性的权重；$D_i(s, t)$ 为源案例与目标案例在编号 i 属性维度上归一化处理后的距离。检索属性的数据类型有逻辑型和数值型，两种数据类型 $D_i(s, t)$ 计算见式（8-2）~式（8-4）。

逻辑型数据时：

$$D_i(s,t) = \begin{cases} 0, P_{si} = P_{ti} \\ 1, P_{si} \neq P_{ti} \end{cases} \tag{8-2}$$

数值型数据时：

$$D_i(s,t) = \frac{d_i(s,t)}{\max_i - \min_i} \tag{8-3}$$

$$d_i(s,t) = |P_{si} - P_{ti}| \tag{8-4}$$

式中，P_{si} 是源案例编号为 i 的属性值；P_{ti} 是目标案例为 i 的属性值；$d_i(s, t)$ 是源案例和目标案例在编号 i 属性维度上的距离，该距离根据距离矩阵来求解；$\max_i$ 是编号为 i 的属性值在案例库中的最大值；$\min_i$ 是编号为 i 的属性值在案例库中的最小值。

8.1.2 场地污染风险管控案例框架

根据场地污染风险管控模式筛选的需求，考虑区域环境状况，结合案例推理原理，构建四级层次化场地污染风险管控模式筛选案例基础框架，其中一级、二级和三级信息见表 8-1。

表 8-1　场地污染风险管控案例基础框架

一级信息	二级信息	三级信息
项目概况	场地基本信息	项目地点、地理坐标、所属行业、企业类型和土地利用历史等
	区域自然环境	气候、气象、地形、地貌、水文、地质、水文地质、经济、社会等
场地概念模型（源–途径–受体）	场地周边环境	—
	场地内部环境	—
	污染源	—
	污染物	类型、浓度、总量等
	敏感目标	—
	迁移途径	—
	暴露途径	—
管控与修复技术	风险管控与修复目标	
	污染源的处理处置与修复	技术参数
	迁移途径阻隔的工程控制	技术参数
	暴露人群的制度控制	技术参数
	污染物管控和去除技术	技术参数
管控与修复效果	—	—
长期监测	—	—
技术经济	工程投资	—
	运行成本	—
成熟度	—	—

该案例框架包括一级信息 4 项、二级信息 16 项、三级信息 48 项、四级信息 225 项，涉及场地基本情况、区域自然经济社会环境概况、污染源、污染物、敏感目标、迁移与暴露途径、风险管控技术以及其技术经济与社会效益指标等，实现对企业进行精准画像。

8.1.3　场地污染风险管控案例库

根据四级层次化场地污染风险管控模式筛选案例基础框架，构建场地污染风险管控案例库（图 8-2），梳理各个案例的 225 项信息项，存储于案例库。

图 8-2　场地污染风险管控案例库示例

8.1.4　场地污染风险管控模式推荐指标体系

场地污染风险管控模式推荐指标体系包含 8 个三级指标和 18 个四级指标，涵盖了场地基本信息、区域自然经济社会环境概况、特征污染物、迁移途径、敏感目标、环境指标、经济指标、社会指标等方面的 24 项特征指标（图 8-3）。现有《工业企业场地环境调查评估与修复工作指南（试行）》（环境保护部公告 2014 年第 78 号）中模式筛选时仅考虑可操作性、污染物去除效率、修复时间、设备投资、运行费用、后期费用、残余风险、长期效果、健康影响、管理和公众可接受程度指标等指标。显然，该指标体系优于现有指标体系。

8.1.5　特征指标的规则和等级

逻辑型指标主要包括所属行业、场地现状、土地利用规划、场地周边 1km 范围内地表水、场地周边 1km 范围内人群、土壤特征污染物和地下水特征污染物。

所属行业的值可以为化学原料和化学制品制造业、黑色金属冶炼和压延加工业、金属制品业、医药制造业、有色金属冶炼和压延加工业、石油和天然气开采业、印刷和记录媒介复制业、有色金属矿采选业和石油、煤炭以及其他燃料加工业。

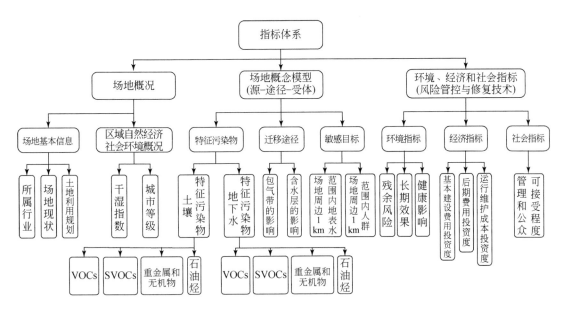

图 8-3 场地污染风险管控模式推荐指标体系

VOCs 为挥发性有机物，SVOCs 为半挥发性有机物

场地现状的值可以为在产或者关闭。

土地利用规划基于《土地利用现状分类》（GB/T 21010—2017）和《土壤环境质量 建设用地土壤污染风险管控标准（试行)》（GB 36600—2018），根据场地未来规划确定的场地土地利用规划等级见表 8-2。

表 8-2 土地利用规划比选规则

土地利用规划	土地利用规划等级
城镇住宅用地	第一类用地
住宅用地	第一类用地
绿地与广场用地	第一类用地
公园与绿地	第一类用地
居住用地	第一类用地
教育用地	第一类用地
商业用地	第一类用地
医疗卫生用地	第一类用地
社会福利设施用地	第一类用地

土地利用规划	土地利用规划等级
工业用地	第二类用地
物流仓储用地	第二类用地
商服用地	第二类用地
道路与交通设施用地	第二类用地
公用设施用地	第二类用地
公共管理与公共服务用地	第二类用地
除社区公园或者儿童公园用地除外的绿地与广场用地	第二类用地

土壤特征污染物和地下水特征污染物中的 SVOCs、VOCs、重金属和无机物、石油烃主要关注《土壤环境质量 建设用地土壤污染风险管控标准（试行）》（GB 36600—2018）中 85 项污染物。

数值型指标主要包括干湿指数［式（8-5）］、城市等级、包气带的影响、含水层的影响、残余风险、长期效果、健康影响、管理和公众可接受程度、基本建设费用投资度、后期费用投资度、运行维护成本投资度。

$$DWI = \frac{\bar{P}}{\bar{E}_0} \tag{8-5}$$

式中，DWI 表示干湿指数（无量纲）；$\bar{P}$ 表示多年平均降水量（mm）；$\bar{E}_0$ 表示多年平均蒸发量（mm），式（8-5）中计算降水量和蒸发量时所取的年份数量可以根据实际需求进行调整。

特征指标信息中的干湿指数可以取干湿指数的具体值，干湿指数与等级的对应关系见表 8-3。

表 8-3 干湿指数与等级的对应关系

气候区	极端干旱	干旱	半干旱	半湿润	湿润	潮湿	过湿润
干湿指数	<0.05	0.05 ~ 0.20	0.20 ~ 0.50	0.50 ~ 1.00	1.00 ~ 1.50	1.50 ~ 3.00	>3.00
分级值	1	2	4	6	8	9	10

城市等级是指目标案例所在城市的城市等级，城市等级的值根据《国务院

关于调整城市规模划分标准的通知》（国发〔2014〕51 号）确定，其中 A 类等级城市包括北京、上海、广州和深圳 4 个，赋予等级值 10；B 类等级城市包括重庆、天津、杭州和南京等 21 个城市，赋予等级值 8；C 类等级城市包括太原、呼和浩特、贵阳和兰州等 41 个城市，赋予等级值 6；D 类等级城市包括银川、西宁、拉萨和三亚等 62 个城市，赋予等级值 4；E 类等级城市包括肇庆、清远、汕尾和梅州等 190 个城市，赋予等级值 2；F 类为其他城市，赋予等级值 0。

包气带的影响和含水层的影响根据包气带介质和含水层介质的赋分规则见表 8-4，结合源案例和目标案例场地内包气带和潜水含水层实际情况，确定包气带渗透系数最大的岩性及其等级值和含水层最主要岩性及其等级值，包气带渗透系数最大的岩性及其等级值的对应关系见表 8-5，潜水含水层最主要岩性及其等级值的对应关系见表 8-6。

表 8-4　包气带介质和含水层介质的赋分规则

岩性类型	渗透系数	分值
黏土或者不确定	$1 \times 10^{-11} \sim 4.7 \times 10^{-9}$	1
粉土	$6 \times 10^{-7} \sim 6 \times 10^{-6}$	2
粉砂	$6 \times 10^{-6} \sim 1.2 \times 10^{-5}$	3
细砂	$1.2 \times 10^{-5} \sim 6 \times 10^{-5}$	4
中砂	$6 \times 10^{-3} \sim 3.4 \times 10^{-2}$	6
粗砂	$3.4 \times 10^{-2} \sim 6 \times 10^{-2}$	8
砾石	$6 \times 10^{-2} \sim 1.8 \times 10^{-1}$	10

表 8-5　包气带渗透系数最大的岩性及其等级值的对应关系

包气带渗透系数最大的岩性	等级值
不确定	1
黏土	1
粉质黏土	1.5
粉土	2
砂质黏性土	2
粉砂质黏土	2

包气带渗透系数最大的岩性	等级值
杂填土	2
砂质粉土	3.5
砂岩	3
石灰岩	3
细砂	4
碎石土	4
素填土	4
回填土	4
中砂	6
粗砂	8
砂以及砂砾卵石	9
砾石	10

表 8-6 含水层最主要岩性及其等级值的对应关系

含水层最主要岩性	等级值
不确定	1
黏土	1
粉质黏土	1.5
粉土	2
砂质黏性土	2
粉砂质黏土	2
紫红色泥质粉砂岩夹含砾砂岩	2
杂填土	2
砂质粉土	3.5
粉砂	3
砂岩	3
石灰岩	3
含碎石粉质黏土	4
细砂	4
碎石土	4

续表

含水层最主要岩性	等级值
回填土	4
中砂	6
粗砂	8
砂以及砂砾卵石	9
砾石	10

残余风险分为四类：小、中、大、不确定，其中，小对应的等级值为 3，中对应的等级值为 5，大对应的等级值为 8，不确定对应的等级值为 1。

长期效果分为三类：不好、好、不确定，其中，不好对应的等级值为 1，好对应的等级值为 5，不确定对应的等级值为 3。

健康影响分为四类：小、中、大、不确定，其中，小对应的等级值为 3，中对应的等级值为 5，大对应的等级值为 8，不确定对应的等级值为 1。

管理和公众可接受程度分为三类：不可接受、尚可接受、可接受，其中，不可接受对应的等级值为 1，尚可接受对应的等级值为 3，可接受对应的等级值为 5。

基本建设费用投资度分为四类：低、中、高、不确定，其中，低对应的等级值为 3，中对应的等级值为 5，高对应的等级值为 8，不确定对应的等级值为 1。

后期费用投资度分为四类：低、中、高、不确定，其中，低对应的等级值为 3，中对应的等级值为 5，高对应的等级值为 8，不确定对应的等级值为 1。

运行维护成本投资度分为四类：低、中、高、不确定，低对应的等级值为 3，中对应的等级值为 5，高对应的等级值为 8，不确定对应的等级值为 1。

8.1.6 特征指标的权重

根据各特征指标信息的重要程度分值（表 8-7），建立判断矩阵 [式（8-6）]，并进行一致性检验 [式（8-7）和式（8-8）]。

$$(8-6)$$

$$A = \begin{bmatrix} & & & & & & & & & & & & & & & & & & & & & & \end{bmatrix}$$

表 8-7 各特征指标信息的重要程度分值

类别	特征因素	分值	类别	特征因素	分值
第一类 （最重要）	土壤重金属和无机物	7	第二类 （中等重要）	残余风险	5
	土壤 VOCs	7		健康影响	5
	土壤 SVOCs	7	第三类 （重要）	长期效果	3
	土壤石油烃	7		管理和公众可接受程度	3
	地下水重金属和无机物	7		基本建设费用投资度	3
	地下水 VOCs	7		后期费用投资度	3
	地下水 SVOCs	7		运行维护成本投资度	3
	地下水石油烃	7		场地现状	3
	包气带的影响	7		土地利用规划	3
第二类 （中等重要）	含水层的影响	5	第四类 （次重要）	所属行业	1
	场地周边 1km 范围内地表水	5		干湿指数	1
	场地周边 1km 范围内人群	5		城市等级	1

值得注意的是运行 MATLAB 内矩阵时 1/3 和 1/7 以小数代替，保留小数点后 5 位数字。

根据各特征指标信息的特征值中的最大值和特征指标信息的个数计算一致性指标：

$$I_C = \frac{\lambda_{max} - n}{n-1} \tag{8-7}$$

式中，I_C 表示一致性指标；λ_{max} 表示判断矩阵的最大特征值；n 表示特征指标信息的个数。

$$R_C = \frac{I_C}{I_R} \tag{8-8}$$

式中，R_C 表示一致性比率；I_R 表示预设随机一致性指标。

运算判断矩阵［式（8-6）］生成判断矩阵的最大特征值（26.236 73）和其对应的特征向量；根据式（8-7）、式（8-8）和表 8-8，进行判断矩阵的一致性检验，确定一致性指标（I_C）为 0.097 25、随机一致性指标（I_R）为 1.6511、一致性比率（R_C）为 0.0589<0.1，一致性可接受；最后通过归一化处理得到特征因素的权重（Wang et al., 2019）（表 8-9）。

表 8-8　随机一致性指标分值

n	1	2	3	4	5	6	⋯	22	23	24	25	26	27	28
I_R	0	0	0.530	0.885	1.114	1.253	⋯	1.640	1.648	1.651	1.655	1.659	1.663	1.666

表 8-9　各特征因素的权重

特征因素	权重	特征因素	权重
所属行业	0.0077	地下水中 SVOCs	0.0761
场地现状	0.0139	地下水中重金属和无机物	0.0761
土地利用规划	0.0155	地下水中石油烃	0.0761
干湿指数	0.0093	包气带的影响	0.0761
场地周边 1km 范围内地表水	0.0347	含水层的影响	0.0347
场地周边 1km 范围内人群	0.0347	残余风险	0.0347
城市等级	0.0156	长期效果	0.0155
土壤中 VOCs	0.0761	健康影响	0.0261
土壤中 SVOCs	0.0761	管理和公众可接受程度	0.0182
土壤中重金属和无机物	0.0761	基本建设费用投资度	0.0182
土壤中石油烃	0.0761	后期费用投资度	0.0182
地下水中 VOCs	0.0761	运行维护成本投资度	0.0182

8.1.7　场地污染风险管控模式推荐方法验证

设定相似度阈值为 80%，选取第 18 个案例进行案例推选方法验证，相似度计算结果如图 8-4 所示。经验证，案例 18 与案例 6、12 和 27 的相似度最高，分别为 82.6%、82.4% 和 82.5%（图 8-4），达到推荐相似度最高的前三个案例要求，表明构建的场地污染风险管控模式推荐方法有效。

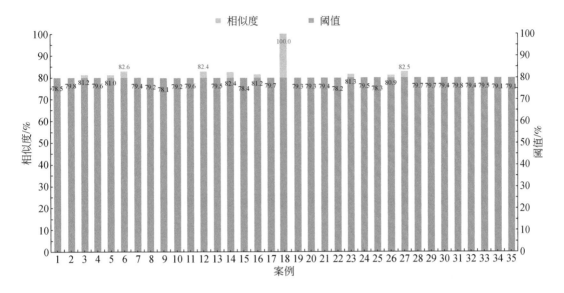

图 8-4 目标案例与案例库中源案例的相似度计算结果

8.1.8 场地污染风险管控模式推荐系统功能

场地污染风险管控模式推荐系统包含以下 5 项内容。

案例信息。出现在案例系统展示页面首页，介绍案例有关场地名称、所在地区和行业分类，并对每个案例提供单独链接，显示案例详情，包括案例有关的案例名称、所属行业、场地现状、土地利用规划、干湿指数、城市等级、土壤特征污染物和地下水特征污染物（《土壤环境质量 建设用地土壤污染风险管控标准（试行）》（GB 36600—2018）中 85 项污染物）、包气带的影响（可能造成地下水污染风险最大的岩性）、含水层的影响（最主要的岩性）、场地周边 1km 范围内地表水、场地周边 1km 范围内人群、残余风险、长期效果、健康影响、管理和公众可接受程度、基本建设费用投资度、后期费用投资度、运行维护成本投资度等。

数据管理。进行新案例的输入、已有案例的编辑和各页面信息的维护。基础功能包含案例信息的增加、删除、修改、保存以及数据的导入和导出。

检索查询。根据不同检索需求，提供模糊查询、条件查询。可直接从案例库中获取案例数据，供查询的因素有场地名称、所在地区、行业分类等；亦可在目标案例信息输入页面选择输入 24 项场地特征指标信息，实现案例之间相似度查询。

结果展示页面。在方案推荐页面，可浏览到相似度最高的前 3 个案例，主要显示源案例的基本情况、污染迁移途径、敏感受体、风险管控模式以及案例匹配相似度等信息。

系统设置。用于系统用户登录与权限的管理、个人信息维护等。

8.1.9　场地污染风险管控模式推荐系统总体架构

推荐系统支持采用浏览器/服务器（B/S）结构模式，浏览器由 IT 访问 Web 服务器，Web 服务器向数据库服务器递交数据请求，经过后台运算，将返回的运行结果推送到浏览器上。该平台无操作环境限制，可在 Windows/Linux 环境下运行，以本地浏览器模式运行。该架构受到网络线路的限制，其无需固定的客户端，可方便快速地更新信息，实现信息转换和计算的自动化。推荐系统由 6 部分组成，包括 IT 基础设备层、数据层、应用层、接入和服务、系统管理和保障体系（图 8-5）。

8.1.10　场地污染风险管控模式推荐系统数据库

案例基础信息数据库包括源案例的地块调查、风险评估、风险管控与修复以及效果评估报告中获取场地概况、污染源、污染物迁移途径、敏感受体、风险管控技术、风险管控模式、实施效果等方面的 225 个信息项；HBase 数据库用于存储案例基础信息数据库中源案例的全部基础信息，包括结构化及非结构化数据；PostgreSQL 作为地理数据库存储源案例名称和经纬度坐标相关信息，用作统计分析展示；Impala 数据仓库提供数据分析挖掘功能，为场地污染风险管控模式推荐系统提供数据分析和逻辑计算支持。案例基础信息数据库主要用于对源案例的搜索、查询、增加、删减和修改，是整个系统平台的基础数据库，源案例记录的信息主要通过数据和描述性语言两个方面来储存（表 8-10）。

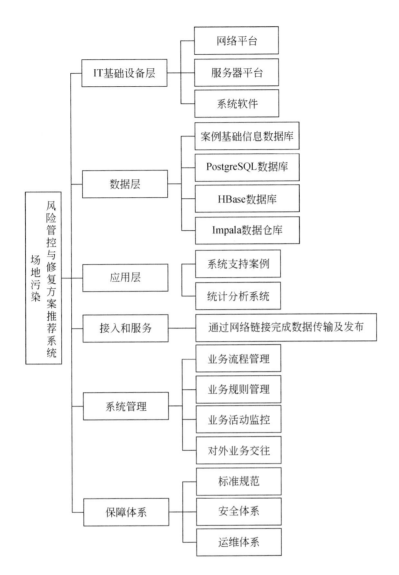

图 8-5　场地污染风险管控模式推荐系统的层次结构

表 8-10　案例库信息与储存

字段名称	中文名称	数据类型	长度	是否为空	是否主键	是否外键
id	序号	int	8	1	1	0
name	场地名称	varchar	200	1	0	0
type	所属行业	varchar	200	1	0	0
status	场地现状	varchar	20	1	0	0

字段名称	中文名称	数据类型	长度	是否为空	是否主键	是否外键
plain	土地利用规划	varchar	50	1	0	0
wet_dry	干湿指数	int	8	1	0	0
ground_water	场地周边 1km 范围内地表水	varchar	20	1	0	0
has_people	场地周边 1km 范围内人群	varchar	20	1	0	0
area	城市等级	int	8	1	0	0
s_VOCs	土壤中 VOCs	text	—	0	0	0
s_SVOCs	土壤中 SVOCs	text	—	0	0	0
s_metal	土壤重金属和无机物	text	—	0	0	0
s_TPH	土壤石油烃	text	—	0	0	0
underwater_VOCs	地下水中 VOCs	text	—	0	0	0
underwater_SVOCs	地下水中 SVOCs	text	—	0	0	0
underwater_metal	地下水中重金属和无机物	text	—	0	0	0
underwater_TPH	地下水中石油烃	text	—	0	0	0
bqd	包气带的影响	varchar	20	1	0	0
qshsc	含水层的影响	varchar	20	1	0	0
cyfs	残余风险	int	8	1	0	0
cqxg	长期效果	int	8	1	0	0
jkyx	健康影响	int	8	1	0	0
glkjscd	管理和公众可接受程度	int	8	1	0	0
jbjsfy	基本建设费用投资度	int	8	1	0	0
hqfy	后期费用投资度	int	8	1	0	0
wycb	运行维护成本投资度	int	8	1	0	0
gkfa	风险管控和修复模式	text	—	1	0	0

表 8-10 中布尔型数据涉及"场地现状""场地周边 1km 范围内地表水""场地周边 1km 范围内人群",使用 varchar 数据类型,目的是考虑到未来研发和实践的扩展需求,如"场地现状"可进一步扩展为"临时性关闭""永久性

关闭""拆除后""未拆除"等,"场地周边 1km 范围内地表水"可进一步扩展为"饮用水""非饮用水","非饮用水"还可进一步扩展为"灌溉用水""处理后的循环用水""污水"等;"场地周边 1km 范围内人群"可根据人口密集程度进一步扩展为"<500 人""500~1000 人"">1000 人"。

8.1.11 场地污染风险管控模式推荐系统案例表现与检索方法

案例表现包括源案例的大数据信息查询(图 8-6)和案例信息的描述(图 8-7)。每个案例的信息包括场地概况、污染源、污染物迁移途径、敏感受体、风险管控与修复技术、风险管控模式、实施效果等方面的 225 个信息项,同时该模块也有新案例信息导入功能。

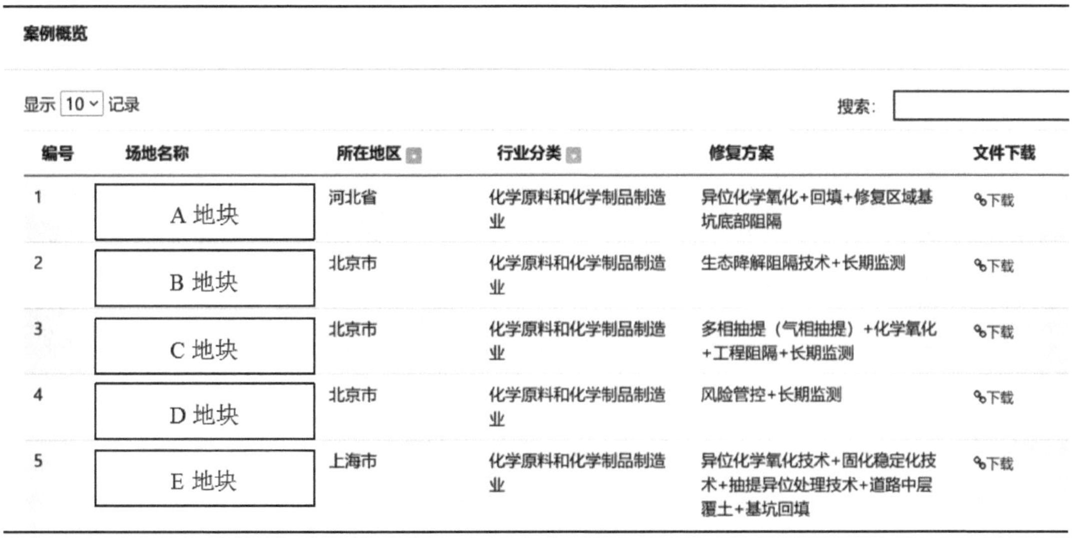

案例概览

显示 10✓ 记录   搜索

编号	场地名称	所在地区	行业分类	修复方案	文件下载
1	A 地块	河北省	化学原料和化学制品制造业	异位化学氧化+回填+修复区域基坑底部阻隔	%下载
2	B 地块	北京市	化学原料和化学制品制造业	生态降解阻隔技术+长期监测	%下载
3	C 地块	北京市	化学原料和化学制品制造业	多相抽提(气相抽提)+化学氧化+工程阻隔+长期监测	%下载
4	D 地块	北京市	化学原料和化学制品制造业	风险管控+长期监测	%下载
5	E 地块	上海市	化学原料和化学制品制造业	异位化学氧化技术+固化稳定化技术+抽提异位处理技术+道路中层覆土+基坑回填	%下载

图 8-6 场地污染风险管控模式案例展示页面

采用两种案例检索功能:①通过对案例的主要信息(如企业名称、所在地区和行业分类)进行单项或者多项混合查询,输出匹配的查询结果(图 8-8);②采用 24 个场地指标进行相似度计算,得出与目标案例相似度高的前 3 个案例(图 8-9)。检索系统能够进行目标案例 24 项场地指标信息的输入,且检索结果可在案例推荐页面中呈现。

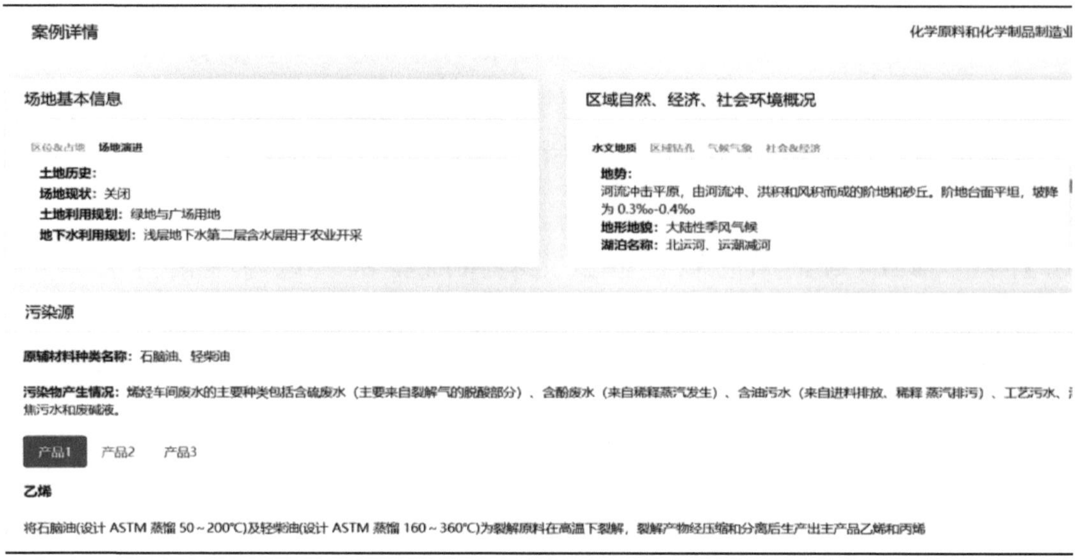

图 8-7 场地污染风险管控模式案例详情展示页面

对于逻辑型指标，按照既定规则的文本型进行匹配，当 2 个案例的特征属性完全匹配时，得 0 分；不匹配时，得 1 分，样表见表 8-11。其中，对于特征污染物指标，按照污染物类型进行分类，以"、"进行分割，每个类型中各个污染物均作为独立标识，判断源案例与目标案例的同类型污染物是否存在交集，当有交集时，赋值为 0，否则为 1，从而计算出待求解的目标案例与案例库中源案例之间的相似度。对于数值型指标，比选规则样表见表 8-12。

表 8-11 逻辑型指标比选规则样表

案例名称	所属行业	场地现状	土地利用规划	1km 范围内是否有地表水	1km 范围内是否有人群	土壤污染物 SVOCs 类型
某县农药厂	化学原料和化学制品制造业	关闭	第一类用地	否	是	α-六六六 β-六六六
北京某化工厂地块	化学原料和化学制品制造业	关闭	第二类用地	否	是	六氯苯
比选结果	0	0	1	0	0	1

目标场地信息输入

场地名称 *	请输入场地名称...
所在地区 *	请选择所在地区...　　　　　　　　　　　　　　　　▼
所属行业 *	请选择所属行业...　　　　　　　　　　　　　　　　▼
场地现状 *	○ 关闭　○ 在产
土地利用规划 *	请选择土地利用规划...
干湿指数 *	请选择干湿指数...　　　　　　　　　　　　　　　　▼
敏感目标 地表水 *	○ 是　○ 否　 请选择1km范围内是否有地表水
敏感目标 人群 *	○ 是　○ 否　 请选择1km范围内是否有人群
土壤 重金属和无机物	请选择土壤污染物（重金属和无机物）...
土壤 半挥发性有机物	请选择土壤污染物（半挥发性有机物）...
土壤 挥发性有机物	请选择土壤污染物（挥发性有机物）...
土壤 石油烃	请选择土壤污染物（石油烃）...
地下水 重金属和无机物	请选择地下水污染物（重金属和无机物）...
地下水 半挥发性有机物	请选择地下水污染物（半挥发性有机物）...
地下水 挥发性有机物	请选择地下水污染物（挥发性有机物）...
地下水 石油烃	请选择地下水污染物（石油烃）...
包气带渗透系数最大岩性 *	请选择包气带渗透系数最大岩性...　　　　　　　　　▼
含水层最主要岩性 *	请选择含水层最主要岩性...　　　　　　　　　　　　▼
残余风险 *	○ 有　○ 基本没有　○ 没有　○ 不确定
长期效果 *	○ 好　○ 不好　○ 不确定
健康影响 *	○ 较大　○ 较小　○ 基本没有　○ 不确定
管理可接受程度和公众可接受程度 *	○ 可　○ 尚可　○ 不可
基本建设费用投资度 *	○ 高　○ 中　○ 低　○ 不确定
后期费用投资度 *	○ 高　○ 中　○ 低　○ 不确定
运维成本投资度 *	○ 高　○ 中　○ 低　○ 不确定
案例上传	选择文件　未选择任何文件

[✓ 确认]

图 8-8　场地污染风险管控模式推荐系统目标案例信息输入页面

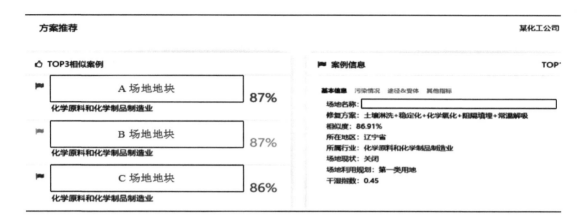

图 8-9　场地污染风险管控模式推荐系统结果

表 8-12　数值型指标比选规则样表

案例名称	干湿指数	城市等级	包气带的影响	含水层的影响	残余风险
某县农药厂	6	6	4	4	3
北京某化工厂地块	4	6	4	6	3
$d_i(s, t)$	2	0	0	2	0

8.2　重点行业场地污染风险管控技术推选模型和系统

8.2.1　材料与方法

（1）基础数据

重点行业企业数据（8 类行业，3200 条），包含企业规模、地块是否位于工业园区或集聚区、重点区域总面积、地块占地面积、生产区面积、地块内职工人数、地块周边 500m 内的人口数量、集中式饮用水水源地、食用农产品产地、自然保护区、地表水体等 56 项基础信息。

（2）数据预处理

对企业的 57 项基础信息进行整理，按照时效性、经济性、操作性、敏感受体控制、迁移途径控制、污染源控制进行分类（表8-13）。

表8-13 企业基础信息分类

序号	企业指标	输入指标限定	指标影响结果
Z1	行业类别	按《国民经济行业分类》（GB/T 4754—2017）填写	行业分类
A1	时效性要求	急、中、缓	时效性
B1	企业规模	微型、小型、中型、大型	经济性
C1	地块是否位于工业园区或集聚区	是、否、未知	操作性
C2	重点区域总面积	数字	操作性
C3	地块占地面积	数字	操作性
C4	生产区面积	数字	操作性
C5	储存区面积	数字	操作性
C6	废水治理区面积	数字	操作性
C7	固体废物储存或处置区面积	数字	操作性
D1	地块内职工人数	数字	敏感受体控制
D2	地块周边500m内的人口数量	数字	敏感受体控制
D3	幼儿园	数字	敏感受体控制
D4	学校	数字	敏感受体控制
D5	居民区	数字	敏感受体控制
D6	医院	数字	敏感受体控制
D7	集中式饮用水水源地	数字	敏感受体控制
D8	饮用水井	数字	敏感受体控制
D9	食用农产品产地	数字	敏感受体控制
D10	自然保护区	数字	敏感受体控制
D11	地表水体	数字	敏感受体控制
D12	地块所在区域地下水用途	饮用、水源保护、食品加工、农业灌溉、工业用途、不开发、不确定	敏感受体控制
D13	地块邻近区域（100m范围内）地表水用途	饮用、水源保护、食品加工、农业灌溉、工业用途、不开发、不确定	敏感受体控制
D14	污染物对人体健康的危害效应	数字	敏感受体控制

序号	企业指标	输入指标限定	指标影响结果
D15	污染物挥发性	数字	敏感受体控制
E1	是否有杂填土等人工填土层	是、否、未知	迁移途径控制
E2	地下水埋深	数字	迁移途径控制
E3	饱和带渗透性	岩性描述	迁移途径控制
E4	地块所在区域是否属于喀斯特地貌	是、否、未知	迁移途径控制
E5	污染物迁移性	数字	迁移途径控制
F1	一般工业固体废物年储存量	数字	污染源控制
F2	危险废物年产生量	数字	污染源控制
F3	企业地块内部存在-生产区	有、无、未知	污染源控制
F4	企业地块内部存在-储存区	有、无、未知	污染源控制
F5	企业地块内部存在-废气治理设施	有、无、未知	污染源控制
F6	企业地块内部存在-废水治理区域	有、无、未知	污染源控制
F7	企业地块内部存在-固体废物储存或处置区	有、无、未知	污染源控制
F8	是否产生危险化学品	是、否、未知	污染源控制
F9	企业是否开展过清洁生产审核	是、否、未知	污染源控制
F10	是否排放废气	是、否、未知	污染源控制
F11	是否有废气治理设施	是、否、未知	污染源控制
F12	是否有废气在线监测装置	是、否、未知	污染源控制
F13	是否产生工业废水	是、否、未知	污染源控制
F14	厂区内是否有废水治理设施	是、否、未知	污染源控制
F15	是否有废水在线监测装置	是、否、未知	污染源控制
F16	是否产生一般工业固体废物	是、否、未知	污染源控制
F17	厂区内是否有一般工业固体废物储存区	是、否、未知	污染源控制
F18	一般工业固废储存区地面硬化、顶棚覆盖、围堰围墙、雨水收集及导排等设施是否具备	全具备、部分具备、不具备、未知	污染源控制
F19	是否产生危险废物	是、否、未知	污染源控制
F20	危险废物储存场所"三防"(防渗漏、防雨淋、防流失)措施是否齐全	是、否、未知	污染源控制
F21	该企业产生的危险废物是否存在自行利用处置	是、否、未知	污染源控制

序号	企业指标	输入指标限定	指标影响结果
F22	重点区域地表（除绿化带外）是否存在未硬化地面	是、否、未知	污染源控制
F23	重点区域硬化地面是否存在破损或裂缝	是、否、未知	污染源控制
F24	厂区内是否存在无硬化或防渗的工业废水排放沟渠、渗坑、水塘	是、否、未知	污染源控制
F25	厂区内是否有产品、原辅材料、油品的地下储罐或输送管线	是、否、未知	污染源控制
F26	厂区内是否有工业废水的地下输送管线或储存池	是、否、未知	污染源控制
F27	厂区内地下储罐、管线、储水池等设施是否有防渗措施	部分有、全有、全无、未知	污染源控制

（3）基础数据指标赋值

通过对基础数据指标进行赋值，界定企业地块各项信息对后续风险管控技术选择的影响程度。借助输入或导入的企业资料，通过"企业通量模型公式"计算获得结果为：A1 时效性需求、B5 经济性需求、C12 操作性需求、D22 敏感受体控制需求、E8 迁移途径控制需求、F33 污染源控制需求（表 8-14）。

表 8-14 模型计算公式及赋值情况

序号	企业指标	输入指标限定	企业通量模型公式
A1	时效性要求	急、中、缓	急＝20分、中＝15分、缓＝10分
B1	企业规模	微型、小型、中型、大型	1）B2＝微型 20×重点区域总面积、小型 15×重点区域总面积、中型 10×重点区域总面积、小型 5×重点区域总面积； 2）B3＝所有样本数据的"B2"的平均值（样本数量越大这个指标越准确）； 3）B4＝B2/B3； 4）B5＝B4/所有样本数据的 max（B4）×20
C1	地块是否位于工业园区或集聚区	是、否、未知	否 20 分、未知 15 分、是 10 分

序号	企业指标	输入指标限定	企业通量模型公式
C2	重点区域总面积/m²	数字	1）C8＝C7/C3＋C6/C3＋C5/C3＋C4/C3；
C3	地块占地面积/m²	数字	2）C9＝C2/C3；
C4	生产区面积/m²	数字	3）C10＝C8/所有样本数据的"C8"的平均值（样本数量越大这个指标越准确）；
C5	储存区面积/m²	数字	4）C11＝C9/所有样本数据的"C9"的平均值（样本数量越大这个指标越准确）；
C6	废水治理区面积/m²	数字	5）C12＝C1/2＋C10/所有样本数据的 max（C10）×5＋C11/所有样本数据的 max（C11）×5
C7	固体废物储存或处置区面积/m²	数字	
D1	地块内职工人数	数字	
D2	地块周边 500m 内的人口数量	数字	
D3	幼儿园/m	数字	
D4	学校/m	数字	1）D12＝饮用、水源保护、食品加工 20 分；农业灌溉、不确定 15 分；工业用途、不开发 10 分；
D5	居民区/m	数字	2）D13＝饮用、水源保护、食品加工 20 分；农业灌溉、不确定 15 分；工业用途、不开发 10 分；
D6	医院/m	数字	3）D16＝D1×0.8＋D2×1.2；
D7	集中式饮用水水源地/m	数字	4）D17＝D16/所有样本数据的"D16"的平均值（样本数量越大这个指标越准确）；
D8	饮用水井/m	数字	5）D18＝sum（D3：D11）；
D9	食用农产品产地/m	数字	6）D19＝D18/所有样本数据的"D18"的平均值（样本数量越大这个指标越准确）；
D10	自然保护区/m	数字	7）D20＝D14/所有样本数据的"D14"的平均值（样本数量越大这个指标越准确）；
D11	地表水体/m	数字	8）D21＝D15/所有样本数据的"D15"的平均值（样本数量越大这个指标越准确）；
D12	地块所在区域地下水用途	饮用、水源保护、食品加工、农业灌溉、工业用途、不开发、不确定	9）D22＝（D12＋D13）/4＋D17/所有样本数据的 max（D17）×5＋D19/所有样本数据的 max（D19）×5＋D20/所有样本数据的 max（D20）×3.5＋D21/所有样本数据的 max（D21）×3.5
D13	地块邻近区域（100m 范围内）地表水用途	饮用、水源保护、食品加工、农业灌溉、工业用途、不开发、不确定	
D14	污染物对人体健康的危害效应	数字	
D15	污染物挥发性	数字	

序号	企业指标	输入指标限定	企业通量模型公式
E1	是否有杂填土等人工填土层	是、否、未知	E1 = 是 20 分、未知 15 分、否 10 分； E6 = E2/所有样本数据的"E2"的平均值（样本数量越大这个指标越准确）；
E2	地下水埋深/m	数字	
E3	饱和带渗透性	岩性描述	E3 = 渗透性好 20 分、渗透性一般 15 分、渗透性差 10 分；
E4	地块所在区域是否属于喀斯特地貌	是、否、未知	E4 = 是 20 分、未知 15 分、否 10 分； E7 = E5/所有样本数据的"E5"的平均值（样本数量越大这个指标越准确）；
E5	污染物迁移性	数字	E8 = E1/8+E3/4+E4/4+E6/所有样本数据的 max（E6）×3.5+E7/所有样本数据的 max（E7）×5
F1	一般工业固体废物年储存量/t	数字	F28 = 一般工业固体废物年储存量/固体废物储存或处置区面积； F29 = F28/所有样本数据的"F28"的平均值（样本数量越大这个指标越准确）； F30 = F29/所有样本数据的 max（F29）×20
F2	危险废物年产生量/t	数字	F31 = 危险废物年产生量/固体废物储存或处置区面积； F32 = F31/所有样本数据的"F31"的平均值（样本数量越大这个指标越准确）； F33 = F32/所有样本数据的 max（F32）×20
F3	企业地块内部存在-生产区	有、无、未知	是 20 分、未知 15 分、否 10 分
F4	企业地块内部存在-储存区	有、无、未知	是 20 分、未知 15 分、否 10 分
F5	企业地块内部存在-废气治理设施	有、无、未知	是 20 分、未知 15 分、否 10 分
F6	企业地块内部存在-废水治理区域	有、无、未知	是 20 分、未知 15 分、否 10 分
F7	企业地块内部存在-固体废物储存或处置区	有、无、未知	是 20 分、未知 15 分、否 10 分
F8	是否产生危险化学品	是、否、未知	是 20 分、未知 15 分、否 10 分
F9	企业是否开展过清洁生产审核	是、否、未知	是 20 分、未知 15 分、否 10 分
F10	是否排放废气	是、否、未知	是 20 分、未知 15 分、否 10 分
F11	是否有废气治理设施	是、否、未知	是 20 分、未知 15 分、否 10 分
F12	是否有废气在线监测装置	是、否、未知	是 20 分、未知 15 分、否 10 分
F13	是否产生工业废水	是、否、未知	是 20 分、未知 15 分、否 10 分
F14	厂区内是否有废水治理设施	是、否、未知	是 20 分、未知 15 分、否 10 分
F15	是否有废水在线监测装置	是、否、未知	是 20 分、未知 15 分、否 10 分
F16	是否产生一般工业固体废物	是、否、未知	是 20 分、未知 15 分、否 10 分

序号	企业指标	输入指标限定	企业通量模型公式
F17	厂区内是否有一般工业固体废物储存区	是、否、未知	是 20 分、未知 15 分、否 10 分
F18	一般工业固废储存区地面硬化、顶棚覆盖、围堰围墙、雨水收集及导排等设施是否具备	全具备、部分具备、不具备、未知	全具备 20 分、部分具备 15 分、不具备 10 分、未知 15 分
F19	是否产生危险废物	是、否、未知	是 20 分、未知 15 分、否 10 分
F20	危险废物储存场所"三防"（防渗漏、防雨淋、防流失）措施是否齐全	是、否、未知	是 20 分、未知 15 分、否 10 分
F21	该企业产生的危险废物是否存在自行利用处置	是、否、未知	是 20 分、未知 15 分、否 10 分
F22	重点区域地表（除绿化带外）是否存在未硬化地面	是、否、未知	是 20 分、未知 15 分、否 10 分
F23	重点区域硬化地面是否存在破损或裂缝	是、否、未知	是 20 分、未知 15 分、否 10 分
F24	厂区内是否存在无硬化或防渗的工业废水排放沟渠、渗坑、水塘	是、否、未知	是 20 分、未知 15 分、否 10 分
F25	厂区内是否有产品、原辅材料、油品的地下储罐或输送管线	是、否、未知	是 20 分、未知 15 分、否 10 分
F26	厂区内是否有工业废水的地下输送管线或储存池	是、否、未知	是 20 分、未知 15 分、否 10 分
F27	厂区内地下储罐、管线、储水池等设施是否有防渗措施	部分有、全有、全无、未知	全有 20 分、部分有 15 分、全无 10 分、未知 15 分

（4）研究方法

1）在基础数据预处理过程中，采用决策树作为企业指标对需求影响判断的方法 [式（8-9）]。

$$X_n = \alpha_n \times T_n \tag{8-9}$$

式中，X_n 为第 n 项企业指标的需求影响值；α_n 为第 n 项企业指标的不同需求影响赋值；T_n 为第 n 项企业指标的不同需求影响比例。

2）采用物流分析法作为企业时效性、经济性、操作性、敏感受体控制、迁移途径控制、污染源控制需求赋值的方法，通过进行累加、求取平均值、最大值等方式进行迭代计算［式（8-10）］。

$$Y = \sum_{k=1}^{n} \mathrm{average}(A_1 : A_n) + \sum_{k=1}^{n} \max(B_1 : B_n) \tag{8-10}$$

式中，Y 为企业时效性、经济性、操作性、敏感受体控制、迁移途径控制、污染源控制需求赋值；A_n 为第 n 项企业指标的输入指标；B_n 为第 n 项企业指标的输入指标换算后的分值；average 为求取的平均值；max 为求取的最大值。

3）采用聚类分析法推选目标企业适合的风险管控技术［式（8-11）］。

$$S = \sum_{1}^{n} (Y_n \times V_n) \tag{8-11}$$

式中，S 为目标企业采用指定风险管控技术时的综合得分，S 值越大表明目标企业越适宜采用该指定的风险管控技术；Y_n 为目标企业的第 n 项需求赋值；V_n 为指定的风险管控技术的第 n 项指标赋值。

4）采用聚类分析法推选目标行业适合的风险管控技术［式（8-12）］。

$$T = \sum_{1}^{n} \frac{S_n}{n} \tag{8-12}$$

式中，T 为目标重点监管行业采用指定风险管控技术时的综合得分，T 值越大表明目标行业越适宜采用该指定的风险管控技术；S_n 为第 n 个指定行业目标企业采用指定风险管控技术时的综合得分。

8.2.2 场地污染风险管控技术库构建与展示

（1）风险管控技术库架构

风险管控技术库架构包括技术名称、技术分类、技术原理、优缺点、环境介质、污染物类型、适用条件、修复周期、参考成本、成熟程度和技术概念图 11 项信息，并分类整理出 58 项技术（图 8-10）。

（2）风险管控技术展示查询条件

查询条件包括技术分类（按修复机理）、技术分类（按土壤位置变化）、技术分类（按管控手段）、针对环境介质、针对污染物类型、地区特殊情况

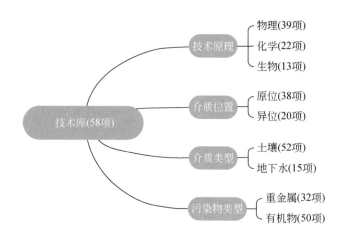

图 8-10　风险管控技术库分类

（不适用性限制条件）、地区特殊情况（适用性限制条件）、参考成本、修复周期 9 个条件（图 8-11）。

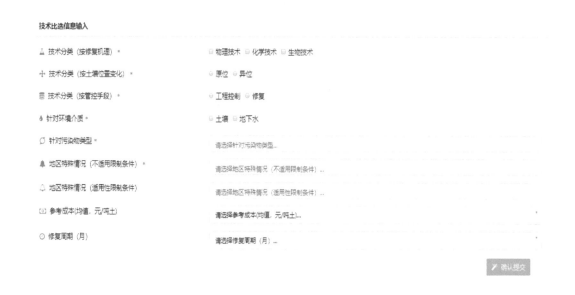

图 8-11　风险管控技术库比选指标信息输入示意

(3) 风险管控技术展示后台处理逻辑

根据前端页面请求表单数据中发送的查询条件对技术库中技术进行筛选，相应的后台处理逻辑如图 8-12 所示。

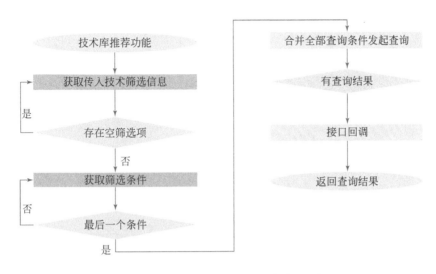

图 8-12 风险管控技术展示后台处理逻辑

(4) 风险管控技术展示算法

获取并判断查询条件是否满足业务查询要求（查询属性非空要求），出现错误属性进行参数告警，确定查询条件与技术库标准映射关系，并自动识别所查询属性中限制条件数量（图 8-13）。

```
def __cut_DAG_NO_HMM(self, sentence):
    DAG = self.get_DAG(sentence)    # 构建有向无环图
    route = {}
    self.calc(sentence, DAG, route)  # 动态规划计算最大概率路径
    x = 0
    N = len(sentence)
    buf = ''
    while x < N:
        y = route[x][1] + 1
        l_word = sentence[x:y]
        if re_eng.match(l_word) and len(l_word) == 1:
            buf += l_word
            x = y
        else:
            if buf:
                yield buf
                buf = ''
            yield l_word
            x = y
    if buf:
        yield buf
        buf = ''
```

```
def get_DAG(self, sentence):
    self.check_initialized()
    DAG = {}
    N = len(sentence)
    for k in range(N):
        tmplist = []
        i = k
        frag = sentence[k]
        while i < N and frag in self.FREQ:
            if self.FREQ[frag]:
                tmplist.append(i)
            i += 1
            frag = sentence[k:i + 1]
        if not tmplist:
            tmplist.append(k)
        DAG[k] = tmplist
    return DAG
```

图 8-13 风险管控技术库展示后台代码实现（部分代码截图）

(5) 风险管控技术库技术展示结果

依据后台计算结果，展示符合查询条件的风险管控技术。通过切换不同

的技术名称,实现查看相应技术的基本信息(图 8-14)、技术性质和概念图
(图 8-15)。

图 8-14 风险管控技术展示(以泥浆墙阻隔技术为例)

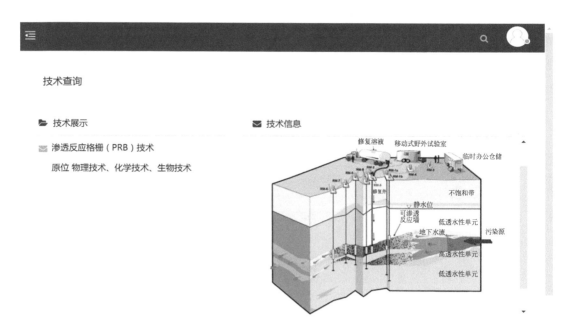

图 8-15 风险管控技术概念图展示(以渗透反应格栅为例)

8.2.3 风险管控技术推选指标体系

主要基于土壤环境风险三要素和企业环境管理水平,建立风险管控技术筛查指标体系,一级指标包括行业类别、时效性、经济性、操作性、敏感受体控制、迁移途径控制和污染源控制 7 项指标,二级指标分别包括行业类别、企业时效性需求、企业规模、重点区域总面积,污染物对人体健康的危害效应、地下水埋深、危险废物年产生量等 57 项指标(图 8-16)。

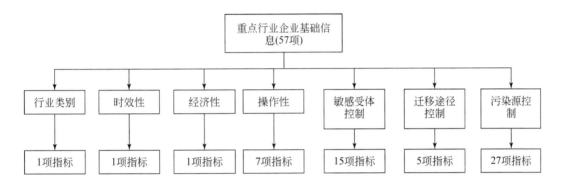

图 8-16 场地风险管控技术推选指标体系框架

8.2.4 风险管控技术推选指标赋值

针对污染源类型,以移除或清理污染源、阻断污染物迁移途径、切断污染物暴露途径为基本管控策略,对不同风险管控技术的操作性需求指标、经济性需求指标、时效性需求指标、敏感受体控制需求指标、迁移途径控制需求指标、污染源控制需求指标等进行赋值(表 8-15)。

表 8-15 不同风险管控技术指标赋值示例

序号	企业需求	移除或清理污染源的管控方式				
		原位固化/稳定化	原位化学氧化	原位热吸解	生物堆	原位生物通风
A1	时效性需求(0~20)	0.70	0.65	0.23	0.14	0.98
B5	经济性需求(0~20)	0.67	0.24	0.73	0.11	0.45

序号	企业需求	移除或清理污染源的管控方式				
		原位固化/稳定化	原位化学氧化	原位热吸解	生物堆	原位生物通风
C12	操作性需求	0.28	0.99	0.07	0.99	0.37
D22	敏感受体控制需求	0.12	0.07	0.96	0.73	0.05
E8	迁移途径控制需求	0.36	0.37	0.88	0.04	0.16
F34	污染源控制需求	0.03	0.25	0.01	0.10	0.41

8.2.5 风险管控技术推选通量模型构建

基于风险管控技术推选指标和风险管控技术评价指标，计算不同风险管控技术的各单项指标贡献率和占比得分，最高分的风险管控技术确定为化工行业场地污染的最佳风险管控技术。原位固化/稳定化得分21.79分、原位化学氧化得分27.36分、原位热吸解得分26.07分，原位生物通风得分30.73分，生物堆得分22.98分，泥浆墙得分33.35分，灌浆墙得分37.26分，板桩墙得分51.82分，土壤原位搅拌得分39.43分，土工膜和衬层得分46.82分，渗透性反应墙得分43.52分，监测自然衰减得分39.33分，增强型监测自然衰减得分36.90分，植物修复得分26.42分，表面水泥硬化得分22.54分，深层水平阻隔得分26.52分，敏感受体安全防护得分30.4分。可见，A地块推荐板桩墙技术作为最优风险管控技术。

基于8类重点行业企业（3200家）的计算结果，根据行业类别不同按照式（8-12）进行分类统计和聚类，获得 T 值（目标重点行业采用指定风险管控技术时的综合得分），根据 T 值判定重点行业适用的风险管控技术及适用条件。

8.2.6 行业尺度技术推选模型案例验证与应用

在早期初步构建技术推选模型基础上，选取纺织业（含印染）（600 余个地块）、化工行业（1400 余个地块）、金属制品业（1500 余个地块）3 个行业进行重点行业风险管控技术推选验证与应用。从技术角度看，自然衰减等管控技术因见效慢、效果差等得分最低；清除或控制污染源的管控技术因管控效果好、操作性一般，得分较高；阻隔等切断污染源迁移途径的管控技术因操作简单、对在产企业影响小且见效快，得分最高（图 8-17）。从行业角度看，纺织业（含印染）得分最高，其次是金属制品业（含电镀），然后是化工行业（图 8-17）。得分越高，该行业采取风险管控技术能起到的管控效果越好；相反，得分越低，管控效果越差。

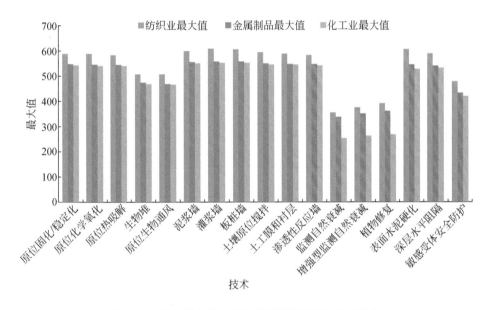

图 8-17　行业尺度技术推选模型案例验证与应用结果

8.2.7　地块尺度技术推选模型案例验证与应用

在早期初步构建技术推选模型基础上，以广东省江门市新会区某地块和广东省某涂料企业地块为验证与应用对象，根据场地调查、样品分析测试结果，验证和优化推选模型中企业需求参数，进而获取最优管控技术为板桩墙（表 8-16）。

表 8-16 地块尺度技术推选模型案例验证与应用结果

风险管控技术	首推企业数量/家	最大值	最小值	平均值	标准偏差
原位固化/稳定化	45	589.39	291.16	416.91	46.40
原位化学氧化	0	587.89	289.66	414.79	46.01
原位热吸解	0	584.89	289.65	415.24	46.39
生物堆	0	506.89	253.66	359.68	34.84
原位生物通风	0	506.89	253.16	357.57	34.50
泥浆墙	0	600.05	293.49	419.91	46.06
灌浆墙	3377	609.05	294.99	423.09	46.48
板桩墙	3785	607.55	294.99	423.32	46.64
土壤原位搅拌	0	594.55	291.49	418.09	46.26
土工膜和衬层	0	588.05	290.49	417.04	46.30
渗透性反应墙	0	584.86	290.09	416.27	45.21
监测自然衰减	0	356.37	117.66	163.32	24.73
增强型监测自然衰减	0	375.71	133.04	184.09	25.93
植物修复	0	390.60	136.39	191.35	28.47
表面水泥硬化	1	607.61	278.89	399.22	47.64
深层水平阻隔	0	589.21	284.16	408.83	46.33
敏感受体安全防护	0	477.45	215.41	299.87	44.82

8.2.8 风险管控技术推选系统优化

以广东省江门市某涉重金属化工行业污染场地为试点对象，根据场地调查、样品分析测试结果，验证和优化通量模型企业需求参数，进而获取最优管控方式（图 8-18）。考虑到用户偏好使用 Excel 文件进行数据修改与管理，软件增加 Excel 文件的导入与导出功能，方便进行数据管理。

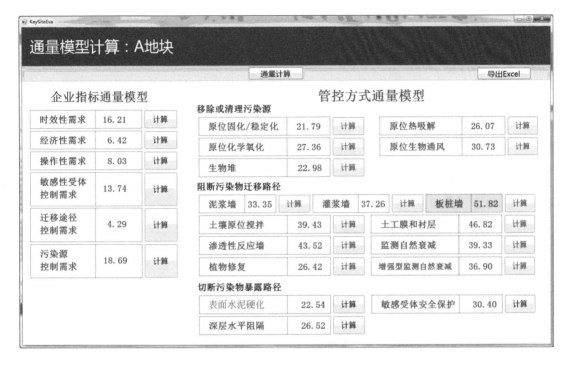

图 8-18　优化后风险管控技术推选系统的计算结果页面

8.3　基于大数据的区域污染场地优先管控名录构建方法

8.3.1　研究方法

采用层次分析法构建国家中长期优先管控名录。层次分析法是一种定性与定量相结合、系统化、层次化的分析方法，将目标分解为多个目标，进而分解为多指标（准则或约束）的若干层次，通过定性指标模糊量化方法算出层次单排序（权数）和总排序，以作为目标（多指标）、多方案优化决策的系统方法。层次分析法可把相关联因素的相对重要性给出定量指标，把主观推断转化成数量形式（定性分析转化为定量计算），从而为场地环境风险评估分类问题的选取与排序提供支持。层次分析法分析与解决问题的基本步骤包括：①建立指标体系的层次结构模型；②构建成对比较判断矩阵，确定各层次指标的相对权重；③进行层次单排序及其一致性检验；④进行层次总体排序及其一致性检验。

8.3.2 污染场地中长期优先管控名录指标体系

主要基于土壤环境风险三要素，构建包含目标层、准则层、总指标层和具体指标层的四级指标体系（图8-19）。

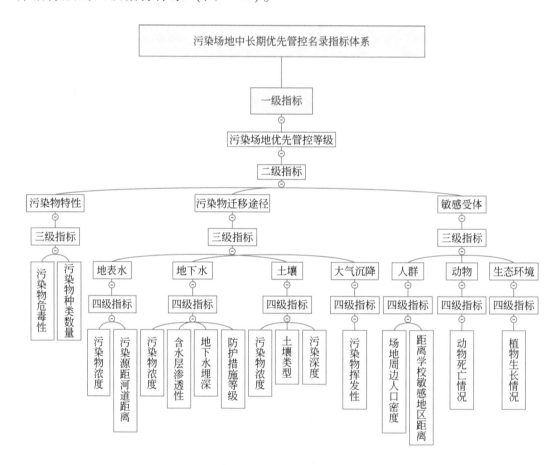

图 8-19　污染场地中长期优先管控名录指标体系

目标层包含污染场地中长期优先管控等级污染指标，准则层包含污染物特性、污染物迁移途径、敏感受体三项指标，总指标层包含污染物种类数量、污染物危毒性、地表水、土壤、地下水、大气沉降、人群、生态环境、动物 9 项指标，具体指标层包含饮用水污染物浓度、工农业用水污染物浓度、污染源距河道距离、土壤类型、含水层渗透性、地下水埋深、污染物挥发性、场地周边人口密度、植物生长情况、动物死亡情况等 14 个特征指标。

8.3.3 特征指标的权重

采用 1~9 标度法构造判断矩阵（表 8-17~表 8-19），使用方根法，计算指标权重并进行单层排序一致性检验，得到具有权重属性的优先管控名录指标体系（表 8-20）。

表 8-17 二级指标判断矩阵

二级指标	敏感受体	污染物特性	污染物迁移途径
敏感受体	1.00	3.00	3.00
污染物特性	0.50	1.00	3.00
污染物迁移途径	0.50	0.33	1.00

表 8-18 三级指标中污染物迁移途径判断矩阵

迁移途径	地表水	地下水	大气沉降	土壤
地表水	1.00	3.00	3.00	4.00
地下水	0.33	1.00	3.00	3.00
大气沉降	0.50	0.50	1.00	0.50
土壤	0.25	0.33	3.00	1.00

表 8-19 三级指标中敏感受体判断矩阵

敏感受体	人群	动物	生态环境
人群	1	3	2
动物	0.33	1	2
生态环境	0.50	0.5	1

表 8-20　指标体系权重和分值

| 目标层 | 准则层 | 权重 | 分值 | 指标层（D） | | | | |
				总指标	权重	分值	具体指标	权重
污染场地中长期优先管控等级	污染物特性	0.17	17	污染物数量	0.5	8.5	—	—
				污染物危害性	0.5	8.5	—	—
污染场地中长期优先管控等级	污染物迁移途径	0.35	35	地表水	0.48	16.8	污染物浓度（饮用水或者工农业用水）、污染源距离河道距离	0.6、0.5
				土壤	0.14	4.9	污染物浓度、土壤类型、污染深度	0.55、0.19、0.26
				地下水	0.26	9.1	污染物浓度（饮用水或者工农业用水）、含水层渗透性、地下水埋深	0.48、0.35、0.17
				大气	0.12	4.2	污染物挥发性	1
	敏感受体	0.48	48	人群	0.55	26.4	场地周边人口密度、距离学校敏感地区距离	0.5、0.5
				生态环境	0.26	12.48	植物生长情况	1
				动物	0.19	9.12	动物死亡情况	1

8.3.4　基于加权法的污染场地总分值

确定场地总分值计算公式［式（8-13）］，并采用加权法，明确各三级指标分值；整理收集到的 1580 个污染场地信息，根据赋分规则计算场地分值，将总分值大于 40 分的场地列入优先管控名录。

$$P = S_1 \times 48\% + S_2 \times 35\% + S_3 \times 17\% \qquad (8\text{-}13)$$

式中，P 为场地总分值；S_1 为敏感受体分值；S_2 为污染物特性分值；S_3 为污染物迁移性分值。

8.3.5　优先管控名录构建规则

总分值介于 1~100 分，场地总分值越大，场地优先管控等级越高。当场地污染总分值>40 分时，该污染场地进入国家中长期优先管控名录，亟须开展治理修复；当场地污染总分值≤40 分时，该污染场地不需纳入国家中长期优先管控名录，场地风险管控工作由地方政府进行落实。

在重点行业企业用地土壤污染状况调查中，主要利用判定土壤或地下水是否超标、土壤前 3 项污染物综合指数得分、企业用地工业利用时间、重点区域及生产区面积、在产企业周边水井和水源地距离、关闭搬迁企业周边敏感目标距离等指标进行风险判定，将高风险地块列入优先管控名录。与该名录构建方法相比，本研究中污染场地名录的研究对象为已确认的污染场地，评价指标体系既包含了重点行业企业用地调查优先管控名录中的指标，同时还考虑了污染物毒性、动植物和生态系统生长情况等指标，相对更加完善，可为已有污染场地管控优先序的判定提供支持。

8.3.6　有色金属冶炼行业优先管控名录

目前，基于某市 257 家有色冶炼行业场地相关数据，根据中长期风险管控名录计算方法，筛选出 35 家高风险企业（表 8-21）。

表 8-21　某市有色冶炼行业优先管控名录

序号	地块名称	行业类型
1	****实业有限公司地块	铅锌冶炼、稀土金属冶炼
2	****有色金属股份有限公司地块	铅锌冶炼
3	****铁渣综合回收加工厂地块	铅锌冶炼
4	****工业材料地块	其他常用有色金属冶炼
5	****钨业有限公司地块	钨钼冶炼
6	****有限公司地块	钨钼冶炼
7	****资源科技有限公司地块	钨钼冶炼

序号	地块名称	行业类型
8	****有色冶化有限公司地块	铅锌冶炼
9	****锌业有限公司地块	铅锌冶炼
10	****金属科技有限公司地块	铅锌冶炼
11	****仁化地块	铅锌冶炼
12	****实业有限公司地块	镍钴冶炼、其他有色金属压延加工
13	****有色金属有限公司地块	铅锌冶炼
14	****锌业有限公司地块	铅锌冶炼
15	****有色金属有限公司地块	铅锌冶炼、其他常用有色金属冶炼
16	****企业有限公司地块	铅锌冶炼、其他常用有色金属冶炼
17	****锑冶炼厂地块	锑冶炼
18	****贸易有限公司地块	铅锌冶炼、其他贵金属冶炼、其他稀有金属冶炼
19	****高能电池材料地块	铅锌冶炼、镍钴冶炼
20	****铝厂地块	铝冶炼
21	****回收加工有限公司地块	铅锌冶炼
22	****有色金属渣业集团有限公司地块	铅锌冶炼、其他常用有色金属冶炼、金冶炼、银冶炼、其他贵金属冶炼
23	****化工矿产有限公司地块	铅锌冶炼
24	****有色金属有限公司地块	铅锌冶炼
25	****资源再生有限公司地块	铅锌冶炼
26	****锡冶炼厂地块	锡冶炼
27	****有色金属加工厂地块	铅锌冶炼、铜冶炼、锑冶炼
28	****政府储备地块	其他稀有金属冶炼
29	****钛白粉厂三旧改造地块	锑冶炼
30	****有色金属有限公司地块	其他贵金属冶炼
31	****综合再生有限公司地块	其他贵金属冶炼
32	****选矿厂地块	其他贵金属冶炼
33	****选矿厂地块	其他贵金属冶炼
34	****稀土加工厂地块	其他贵金属冶炼
35	****稀土加工厂地块	其他贵金属冶炼

8.4 小 结

1）研发了耦合区域环境要素的场地污染风险管控模式推荐系统。建立基于土壤环境风险三要素和企业环境管理水平的场地污染风险管控案例框架及案例库，建立包含 8 个三级指标和 18 个四级指标的场地污染风险管控模式推荐指标体系构建，实现基于 K 最近邻的场地污染风险管控模式智能推荐，开发的相应大数据系统具备案例信息可视化、数据管理动态更新、数据检索查询、方案推荐和系统设置等功能，为污染场地风险管控提供决策工具。

2）开发了重点行业场地污染风险管控技术推选模型和系统。构建场地污染风险管控技术库、风险管控技术推选指标体系和指标赋值、风险管控技术推选通量模型。在此基础上，选取纺织业（含印染）、化工行业、金属制品业 3 个行业和 2 个地块，分别开展行业尺度和地块尺度风险管控技术推选验证与应用。

3）构建了基于大数据的区域污染场地优先管控名录。采用层次分析法，基于土壤环境风险三要素，构建包含目标层、准则层、总指标层和具体指标层的四级指标体系；采用 1 ~ 9 标度法构造判断矩阵，确定指标权重；根据文献调研及专家咨询，确定指标赋分规则；当场地污染总分值>40 分时该污染场地进入国家中长期优先管控名录，而当场地污染总分值≤40 分时该污染场地不需纳入国家中长期优先管控名录。

第9章 场地污染大数据可视化技术研究

9.1 可视化基础

9.1.1 数据基础

《全国土壤污染状况调查公报》（200 条）、《中国环境统计年鉴》（9300 条）、全国工业企业污染排放以及处理利用数据（161 598 条）、全国重金属产排量数据（2030 个）、疑似污染地块数据（1831 个）、污染地块数据（9704 条）、地质勘探钻孔数据（1321 条）、12369 信访举报数据（5 588 000 条）等。

9.1.2 数据预处理

通过数据清洗，消除数据噪声和去除冗余数据，提升数据质量。通过数据汇总、聚集和增加特征维度计算指标对非结构化数据进行变换（图9-1）。

图 9-1　数据处理和数据开发界面示意（30 000 行）

9.1.3 可视化软件

利用 Python 数据可视化工具、Fine BI 数据可视化工具、Echart 数据可视化工具、MATLAB 数据可视化工具（图 9-2～图 9-5），进行统计数据、关系数据、地理空间数据、时间序列数据、文本数据的可视化与分析。

```
# 数据准备
a = np.random.randn(100)
s = pd.Series(a)
# 用Matplotlib画直方图
plt.hist(s)
plt.show()
# 用Seaborn画直方图
sns.distplot(s, kde=False)
plt.show()
sns.distplot(s, kde=True)
plt.show()
```

```
# 数据准备
x = [2010, 2011, 2012, 2013, 2014, 2015, 2016, 2017, 2018, 2019]
y = [5, 3, 6, 20, 17, 16, 19, 30, 32, 35]
# 使用Matplotlib画折线图
plt.plot(x, y)
plt.show()
# 使用Seaborn画折线图
df = pd.DataFrame({'x': x, 'y': y})
sns.lineplot(x="x", y="y", data=df)
plt.show()
```

```
# 数据准备
N = 1000
x = np.random.randn(N)
y = np.random.randn(N)
# 用Matplotlib画散点图
plt.scatter(x, y, marker='x')
plt.show()
# 用Seaborn画散点图
df = pd.DataFrame({'x': x, 'y': y})
sns.jointplot(x="x", y="y", data=df, kind='scatter');
plt.show()
```

```
# 数据准备
flights = sns.load_dataset("flights")
data=flights.pivot('year','month','passengers')
# 用Seaborn画热力图
sns.heatmap(data)
plt.show()
```

图 9-2　Python 数据可视化工具界面示意

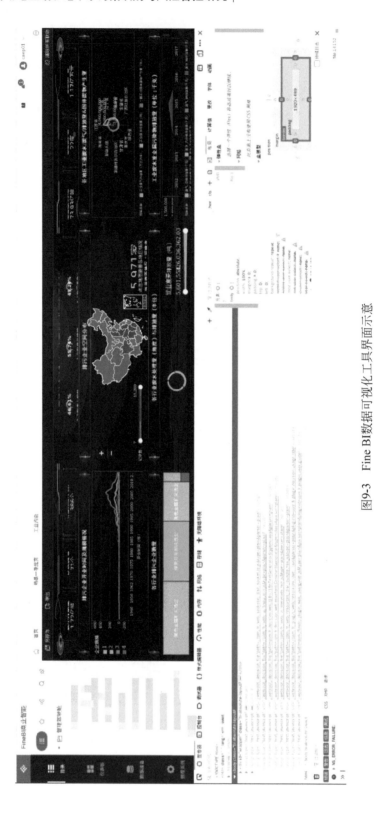

图9-3　Fine BI数据可视化工具界面示意

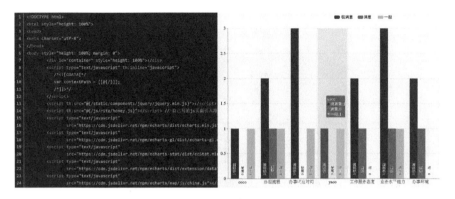

图 9-4 Echart 数据可视化工具界面示意

图 9-5 MATLAB 数据可视化工具界面示意

9.2 场地污染大数据架构设计

设计以数据管理为核心的场地污染大数据混合云计算架构。云计算平台分为公有云、私有云和专有云。

在公有云中，通过采集场地污染相关数据、互联网数据、遥感影像、基础地理等数据，结合数据过滤清洗和多源数据融合，实现非敏感数据在公有云的汇集，并将其存储在 MySQL、MongoDB 等数据库中，所存储的数据通过数据推送、拉取服务等进行非敏感数据的分发，以便进行业务的需求实现、可视化

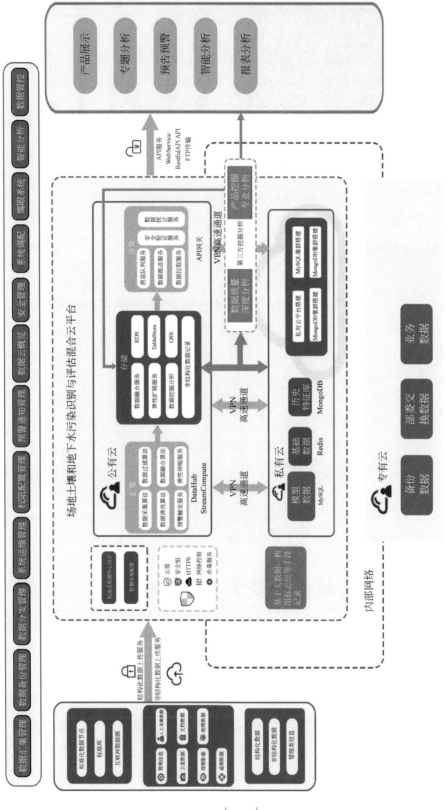

图9-6 场地污染大数据混合云计算架构设计

展示与智能分析；在私有云中，通过搭建私有云平台（MySQL 集群、MongoDB集群）存储敏感数据，如模型关键数据和历史特征数据等；在专有云中，存放管理部门交换数据、业务数据和备份数据。专有云、私有云中的数据与公有云中的数据通过虚拟专用网（virtual private network，VPN）高速通道实现安全高速传输。数据的公开访问入口位于公有云侧，在并发高峰期可以利用公有云的资源进行弹性扩展（图 9-6）。

9.3 大数据可视化展示

9.3.1 可视化展示功能设计

基于现有场地污染大数据在可视化展示、统计分析、潜在规律挖掘等关键技术方面不足，设计了场地污染大数据功能框架。场地污染大数据系统集多种功能于一体，包括数据可视化展示、工业企业数据时空分析、污染场地数据分析、第一类建设用地数据挖掘、"源汇"空间风险警示、场地污染空间统计等关键功能（图 9-7）。

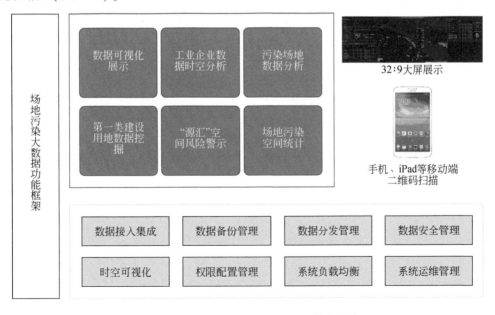

图 9-7 场地污染大数据系统功能模块设计

初步建立场地污染大数据系统，采用 32：9 的宽屏比例设计出场地污染大数据可视化系统界面，实现污染场地数据可视化展示功能模块。污染场地数据可视化展示模块包括底图切换、数据图层管理、可视化样式管理、数据统计图展示、数据统计表展示等交互组件，通过接入历史遥感影像、网络地图 POI、工商企业、疑似污染地块、敏感用地等数据，使用图、表、地图联动的方式进行多尺度污染场地空间数据的可视化展示（图 9-8～图 9-13）。

图 9-8　第一类建设用地风险预警页面

9.3.2　数据可视化展现形式

利用描述性统计分析、聚类分析、因素分析和相关分析等方法以及主成分分析模型、聚类分析模型、隐马尔可夫模型和无语意词库模型进行数据分析，采用图表（信息钻取）、图形（南丁格尔玫瑰图、雷达图、仪表盘、标签云等）、地图（散点图、热力图等）和个性化点击交互等进行多层次多维度可视化映射，实现百万级场地污染数据的可视化，为场地污染管理提供决策支撑。

图9-9　场地污染识别与评估大数据系统界面展示

图9-10　全国土壤污染状况统计分析页面

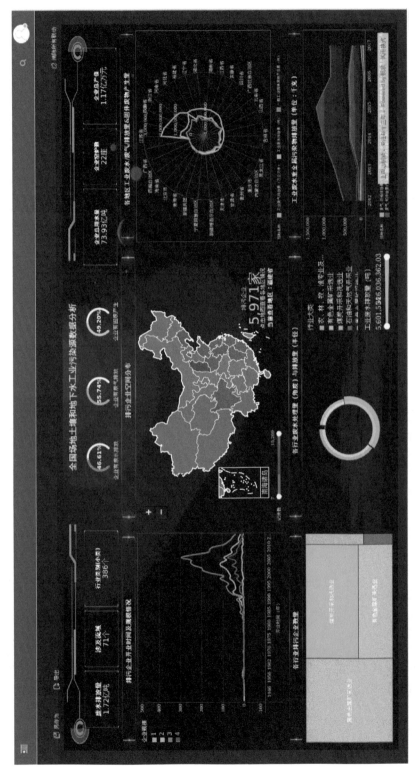

图9-11　全国场地土壤和地下水工业污染源数据分析页面

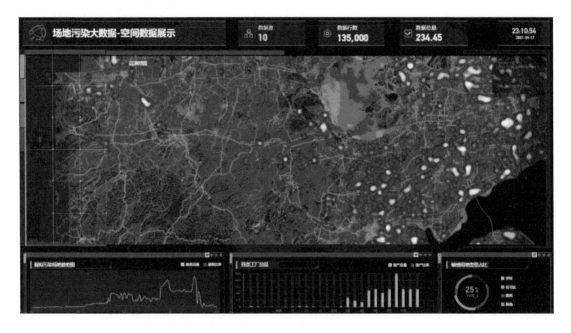

图 9-12　场地污染大数据–空间数据展示页面

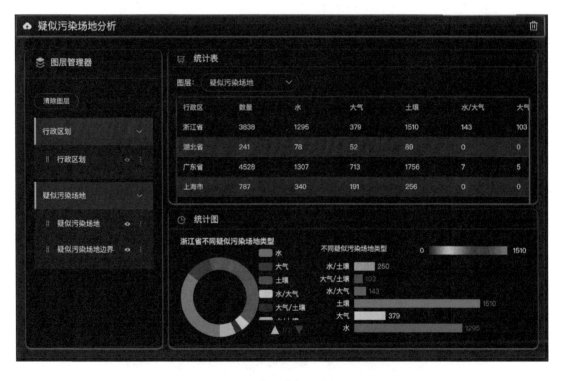

图 9-13　疑似污染场地分析页面

9.4　小　　结

1）设计了场地污染大数据混合云计算架构。设计以数据管理为核心的场地污染大数据混合云计算架构，云计算平台分为公有云、私有云和专有云。在公有云中，通过采集场地污染相关数据、互联网数据、遥感影像、基础地理等数据，结合数据过滤清洗和多源数据融合，实现非敏感数据在公有云的汇集；在私有云中，通过搭建私有云平台存储敏感数据；在专有云中，存放管理部门交换数据、业务数据和备份数据。

2）实现了场地污染大数据可视化。在对场地污染大数据清洗和融合基础上，结合聚类图和散点图等展现形式，实现污染源、土壤监测等场地土壤和地下水污染有关重要信息的直观展示。

| 第10章 | 结论与展望

10.1 结　　论

本书针对当前场地污染识别与风险管控关键技术需求，围绕区域尺度，兼顾地块尺度和行业尺度，借助大数据技术，开展了基于数据深度挖掘的场地污染识别与风险管控策略、场地土壤和地下水污染大数据系统构建技术、场地污染智能识别技术、区域场地污染源-汇关系技术、区域场地多介质污染联合预测技术、多尺度场地污染风险管控技术和场地污染大数据可视化技术等方面研究，主要结论如下。

1）在场地污染风险管控策略与路径研究方面：提出总体技术策略，涉及优先建立污染场地风险管控大数据集、知识库及推理规则，建立污染场地风险管控方案决策方法及推理机制，建立区域尺度污染场地风险管控大数据支持模式，针对重点监管行业分类构建场地污染风险管控技术路线，研制污染场地风险管控全景式决策支持模型，建立基于长时间序列大数据分析构建污染场地中长期风险管控路线；提出大数据切入区域场地污染识别与风险管控的技术路径，涉及将大数据融入区域污染物输移转化关系构建、污染空间分布特征分析、污染源与敏感受体识别、污染介质与场地空间关系诊断、源汇时空演化过程三维仿真模拟、污染风险分级分类预测、管控修复策略筛选、优先管控目录建立、重点行业场地风险管控、土地利用开发优化、管控修复效果评估等环节。

2）在场地污染大数据系统构建技术研究方面：研发出非结构化数据处理方法和技术流程，将场地污染数据按其类型分别存储在不同数据存储体系中；构建场地土壤和地下水污染大数据系统，系统架构划分为三个维度和五个层次；构建场地污染多源异构数据融合模型，实现基于模糊匹配和深度学习的场地源汇识别，相应的识别模型提取疑似污染场地的精度分别为 $OA = 83.35\%$、$F1\text{-}score = 0.7720$、$IoU = 0.7501$，提取敏感受体（即学校操场）的精度分别为 $OA = 80.62\%$、$F1\text{-}score = 0.7449$、$IoU = 0.7206$。

3）在场地污染智能识别技术研究方面：开发场地污染智能识别应用系统，主要包括地块信息收集、构建标准化数据库和数据挖掘分析三个功能模块；设计和开发用于场地污染风险识别的机器学习平台，支持用户根据数据特点进行模型训练数据筛选、数据预处理、特征工程、分类算法选择、模型评估和预测等；基于自然语言处理和机器学习，开发区域疑似污染场地行业类别智能研判技术方法，实现对 POI 数据进行中类行业预测和污染企业识别；构建基于遥感影像及深度学习的区域疑似污染场地识别技术，实现搬迁（疑似）污染场地及其范围识别；构建基于自然语言处理、语义关联和 SSD 模型的区域场地污染敏感受体（以学校为例）识别技术，实现敏感地块位置识别。

4）在区域场地污染源–汇关系诊断技术研究方面：基于 POI 数据和工商企业数据，开发出基于自然语言处理的工商企业位置识别方法，研发出基于模糊匹配的重点行业企业识别方法，能够较好地识别出长三角地区电镀企业分布；开发基于正定矩阵因子和双变量局部莫兰指数的土壤污染源–汇诊断技术，建立土壤重金属污染与重点行业企业空间分布关联关系；开发基于自组织特征映射神经网络的地下水污染源–汇诊断技术，确定地下水 25 项水质指标的污染来源；基于 ArcGIS、WMS、Cesium 等平台，构建污染源大气扩散的污染时空过程三维动态模型，展示区域场地 Hg 污染扩散过程及污染物时空演化规律。

5）在区域场地多介质污染联合预测技术研究方面：采用人工神经网络，建立大数据支持的区域场地土壤和地下水污染评估模型，实现土壤水流通量和含水量变化计算及场地包气带和饱和带中重金属与有机污染物迁移预测；基于多种大数据算法，开发大数据支持的区域场地污染风险预测方法，预测得到全国 39 634 个仅基础信息已知的加油站场地地下水污染情况；构建基于 FEFLOW 的土壤–地下水污染评估与风险预测系统框架，实现每个网格节点的坐标和浓度数据导出，定量刻画不同时刻及不同位置的污染风险。

6）在区域场地污染风险管控技术研究方面：建立区域场地污染风险快速筛查模型，采用网络爬虫获取公开数据，使用随机森林筛选出场地污染风险评价的最大影响因素；构建区域土壤重金属污染风险分区与管控方法，基于随机森林及多元线性回归得出 12 个环境协变量对 8 种重金属浓度的影响，通过模糊聚类分析将研究区划分出不同等级的两类潜在风险区域；研发区域场地污染风险管控决策方法，选定区域场地污染风险管控技术决策最优模型为 CART-DT，并确定区域保护目标、区域污染物类型、区域企业平均生产年限对 CART-DT 输出结果的相对重要性最高。

7）在场地污染风险管控技术研究方面：研发耦合区域环境要素的场地污染风险管控模式推荐系统，实现基于 K 最近邻的场地污染风险管控模式智能推荐，开发的相应大数据系统具备案例信息可视化、数据管理动态更新、数据检索查询、方案推荐和系统设置等功能；开发重点行业场地污染风险管控技术推选模型和系统，构建场地污染风险管控技术库、风险管控技术推选指标体系和指标赋值、风险管控技术推选通量模型；构建基于大数据的区域污染场地优先管控名录，确定当场地污染总分值>40 分时该污染场地纳入国家中长期优先管控名录，而当场地污染总分值≤40 分时该污染场地不需纳入名录。

8）在场地污染大数据可视化技术研究方面：设计以数据管理为核心的场地污染大数据混合云计算架构；在对场地污染大数据清洗和融合基础上，结合聚类图和散点图等展现形式，实现场地土壤和地下水污染有关重要信息的直观展示。

10.2 展　　望

由于大数据同传统场地污染风险管控的融合属于复杂的科学问题，当前基于大数据的场地污染识别与风险管控技术方法体系尚不健全，仍然存在很多难点。鉴于此，本书提出了大数据支持场地污染风险管控的策略与路径，开发了场地土壤和地下水污染大数据系统，构建了大数据支持场地污染识别与风险管控系列技术，但受时间、数据来源、实验条件及笔者水平等诸多因素的限制，仍有不少问题亟待进一步解决，还需在部分关键领域开展深入研究，为此提出以下展望。

1）受现有数据来源、数据体量和实验条件制约，区域场地污染风险快速筛查模型、大数据支持的区域场地污染风险预测方法和耦合区域环境要素的场地污染风险管控模式推荐系统等技术方法与模型系统的预测性能仍有提高潜力，所以在进行结果分析与讨论时所得到的结论仍有提升空间。建议进一步收集并扩大多源异构数据量、开发新的方法验证手段，以期进一步提高已开发的技术方法和模型系统预测的精确性与准确性。

2）虽然对已开发的研究成果进行了参数优化，但是仍有待开展不确定性分析，在构建风险管控模式推选、优先管控名录等有关指标体系时仍然存在诸多主观因素。建议尽快开展技术方法和模型系统的不确定性分析，研发客观赋权重方法和程序，以期进一步提高研究成果的可靠性和客观性。

3）虽然提出了大数据融入地块尺度场地污染识别与风险管控的技术路径，但是已开发的研究成果在支持场地内部污染调查、污染识别、风险评估和效果评估等方面仍需进一步深化。建议国家设立研究项目，尽快开展地块尺度相关研发工作，厘清大数据驱动机理，以期为场地内部污染识别与风险管控提供技术支持。

4）已开发的研究成果大多仍处于室内研究阶段，部分成果在区域、地市、区县尺度上得到示范和应用。建议进一步扩大实践应用范围，以期进一步测试、验证和优化研究成果，并为管理决策提供更为可靠的技术支持。

参 考 文 献

白永亮，杨扬．2019. 长江经济带城市制造业集聚的空间外部性：识别与应用．重庆大学学报（社会科学版），25（3）：14-28.

陈俊坚，张会化，刘鉴明，等．2011. 广东省区域地质背景下土壤表层重金属元素空间分布特征及其影响因子分析．生态环境学报，（4）：646-651.

陈凯，黄英来，高文韬，等．2018. 一种基于属性加权补集的朴素贝叶斯文本分类算法．哈尔滨理工大学学报，23（4）：69-74.

陈思萱，邹斌，汤景文．2015. 空间插值方法对土壤重金属污染格局识别的影响．测绘科学，40（1）：63-67.

陈彦，吴吉春．2005. 含水层渗透系数空间变异性对地下水数值模拟的影响．水科学进展，16（4）：483-487.

崔瀚文．2013. 中国西部冰川变化与湿地响应研究．长春：吉林大学．

崔琴芳．2020. 基于机器学习的矿区土壤重金属含量遥感估算及监测方法研究．西安：长安大学．

崔晓杰，巩现勇，葛文，等．2019. 基于道路核密度的城市中心识别方法．测绘科学技术学报，36（2）：190-195.

邓义祥，王琦，赖斯芸，等．2003. 优化 RSA 和 GLUE 方法在非线性环境模型参数识别中的比较．环境科学，（6）：9-15.

方匡南，吴见彬，朱建平，等．2011. 随机森林方法研究综述．统计与信息论坛．26（3）：32-37.

谷文静．2021. 基于混合神经网络的语言文本分类方法．电子设计工程，29（19）：44-48.

郭长庆，迟文峰，匡文慧，等．2022. 1990—2020 年中国能源开采和加工场地多源数据综合制图与时空变化分析．地球信息科学学报，24（1）：127-140.

郭书海，吴波，张玲妍，等．2017. 土壤环境大数据：构建与应用．中国科学院院刊，32（2）：202-208.

何敏，武德安，吴磊．2016. 基于 MapReduce 的平均多项朴素贝叶斯文本分类．计算机应用研究，33（1）：115-117.

何清，李宁，罗文娟，等．2014. 大数据下的机器学习算法综述．模式识别与人工智能，27（4）：327-336.

黄春梅，王松磊．2020. 基于词袋模型和 TF-IDF 的短文本分类研究．软件工程，23（3）：1-3.

黄国鑫，朱守信，王夏晖，等．2020. 基于自然语言处理和机器学习的疑似土壤污染企业识别．环境工程学报，14（11）：3234-3242.

黄瑾辉，李飞，曾光明，等.2012.污染场地健康风险评价中多介质模型的优选研究.中国环境科学，32（3）：556-563.

黄芸，袁洪，黄志军，等.2016.环境重金属暴露对人群健康危害研究进展.中国公共卫生，32（8）：1113-1116.

蒋洪强，卢亚灵，周思，等.2019.生态环境大数据研究与应用进展.中国环境管理，11（6）：11-15.

李枫林，柯佳.2019.基于深度学习的文本表示方法.情报科学，37（1）：156-164.

李乔宇，尚明华，王富军，等.2018.基于Scrapy的农业网络数据爬取.山东农业科学，50（1）：142-147.

李天魁，刘毅，谢云峰.2018.关闭搬迁企业地块风险筛查方法评估——基于EPACMTP模型的研究.中国环境科学，38（10）：3985-3992.

李翔.2018.基于夜光遥感数据的中国2005-2015年居民收入时空变化与驱动力研究.南京：南京大学.

李颜颜.2019.黄河下游开封段背河洼地区土壤重金属污染研究.开封：河南大学.

李云婷，严京海，孙峰，等.2017.基于大数据分析与认知技术的空气质量预报预警平台.中国环境管理，9（2）：31-36.

刘付程，史学正，于东升，等.2004.基于地统计学和GIS的太湖典型地区土壤属性制图研究——以土壤全氮制图为例.土壤学报，41（1）：20-27.

刘建涛.2018.黄河三角洲典型地表类型遥感协同提取方法及生态环境遥感评价研究.北京：中国科学院大学.

刘文清，杨靖文，桂华侨，等.2018."互联网+"智慧环保生态环境多元感知体系发展研究.中国工程科学，20（2）：111-119.

骆永明，滕应.2020.中国土壤污染与修复科技研究进展和展望.土壤学报，57（5）：1137-1142.

马康.2016.复垦村庄土壤重金属污染风险评估方法比较研究.北京：中国地质大学（北京）.

马联帅.2015.基于Scrapy的分布式网络新闻抓取系统设计与实现.西安：西安电子科技大学.

马妍，王盾，徐竹，等.2017.北京市工业污染场地修复现状、问题及对策.环境工程，35（10）：120-124.

能昌信，孙晓晨，徐亚，等.2019.基于深度卷积神经网络的场地污染非线性反演方法.中国环境科学，39（12）：5162-5172.

单艳红，林玉锁，王国庆.2009.加拿大污染场地的管理方法及其对我国的借鉴.生态与农村环境学报，25（3）：90-93.

石英，程锋.2008.基于遗传算法的乡级土地利用规划空间布局方案研究.江西农业大学学报，30：380-384.

史文旭，鲍佳慧，姚宇.2020.基于深度学习的遥感图像目标检测与识别.计算机应用，40（12）：3558-3562.

史舟，徐烨，贾晓琳，等.2018.基于源汇空间变量推理的土壤重金属企业污染源识别方法.中国：CN 108595414A.

宋从波，刘茂，姜珊珊，等.2014.基于 CSOIL 模型的村镇土壤重金属人体暴露风险评估.安全与环境学报，14（1）：248-252.

孙慧，郭治兴，郭颖，等.2017.广东省土壤 Cd 含量空间分布预测.环境科学，38（5）：2111-2124.

谭海剑，黄祖照，宋清梅，等.2021.粤港澳大湾区典型城市遗留地块土壤污染特征研究.环境科学研究，34（4）：976-986.

汤国安，杨昕，等.2012.ArcGIS 地理信息系统空间分析实验教程（第 2 版）.北京：科学出版社.

仝桂杰，吴绍华，袁毓婕，等.2019.基于贝叶斯决策树的小麦镉风险识别规则提取.中国环境科学，39（3）：1336-1344.

王方伟，杨少杰，赵冬梅，等.2020.基于改进 TF-IDF 的多态蠕虫特征自动提取算法.华中科技大学学报（自然科学版），48（2）：79-84.

王启付，王战江，王书亭.2005.一种动态改变惯性权重的粒子群优化算法.中国机械工程，16（11）：945-948.

王夏晖，黄国鑫，朱文会，等.2020.大数据支持场地污染风险管控的总体技术策略.环境保护，19：64-66.

王夏晖.2016.国土壤环境质量监测网络建设的重大战略任务.环境保护，44（20）：20-24.

王夏晖.2019.大数据：场地污染智能识别与风险精准管控驱动力.环境保护，47（13）：14-16.

王焰新.2007.地下水污染与防治.北京：高等教育出版社.

王义武，杨余旺，于天鹏，等.2019.基于 Spark 平台的 K-means 算法的设计与优化.计算机技术与发展，29（3）：72-76.

王颖洁，朱久祺，汪祖民，等.2021.自然语言处理在情感分析领域应用综述.https：//kns.cnki.net/kcms/detail/51.1307.TP.20210928.1611.014.html［2022-06-27］.

王玉玲，王蒙，闫岩，等.2019.基于聚类算法的 ERT 污染区域识别方法.中国环境科学，39（3）：1315-1322.

吴福仙，黄致建，郝艳华，等.2011.采用泛克里金技术的叶片表面压力场插值方法.华侨大学学报（自然科学版），32（4）：377-380.

吴俭，邓一荣，林龙勇，等.2021.广州市建设用地土壤污染风险管控和修复现状、问题与对策.环境监测管理与技术，33（3）：1-4，14.

吴育文，徐英凯，刘通，等.2013.基于神经网络模型的青岛市城区土壤重金属污染源定位.湖北农业科学，52（3）：685-687，695.

谢永波，陈泽昂，张晓健，等.2007.宏观弥散度和阻滞系数对地下水中核素迁移模拟的影响.湖南大学学报（自然科学版），34（5）：78-82.

徐刚，岳继光，董延超，等.2019.深度卷积网络卫星图像水泥厂目标检测.中国图象图形学报，24（4）：0550-0561.

徐光美，刘宏哲，张敬尊，等.2017.用平滑方法改进多关系朴素贝叶斯分类.计算机工程与应用，53（5）：69-72.

徐周芳 . 2017. 京津冀城市群交通基础设施对区域经济的空间溢出效应研究 . 杭州：浙江财经大学 .

杨金旻 . 2020. 深度学习技术在遥感图像识别中的应用 . 电脑知识与技术，16（24）：191-192，200.

杨瑾文，赖文奎 . 2020. 深度学习算法在遥感影像分类识别中的应用现状及其发展趋势 . 测绘与空间地理信息，43（4）：114-117，120.

杨晶 . 2018. 基于领域词库的新闻提取技术的研究及应用 . 武汉：湖北大学 .

杨青，张亚文，张琴，等 . 2019. 基于 Hadoop 的多维关联规则挖掘算法研究及应用 . 计算机工程与科学，12：2127-2133.

杨昱，廉新颖，马志飞，等 . 2017. 污染场地地下水污染风险分级技术方法研究 . 环境工程技术学报，7（3）：323-331.

于靖靖，师华定，王明浩，等 . 2020. 湘江子流域重点污染企业影响区土壤重金属镉污染源识别 . 环境科学研究，33（4）：1013-1020.

禹文豪，艾廷华 . 2015. 核密度估计法支持下的网络空间 POI 点可视化与分析 . 测绘学报，44（1）：82-90.

展漫军，赵鹏飞，杭静，等 . 2014. Surfer 软件和 AutoCAD 在污染场地调查及风险评估中的应用 . 环境监测管理与技术，26（6）：30-34.

张波 . 2015. 基于 Spark 的 K-means 算法的并行化实现与优化 . 武汉：华中科技大学 .

张春晓，严爱军，王普 . 2014. 案例推理分类器属性权重的内省学习调整方法 . 计算机应用，34（8）：2273-2278.

张国华，叶苗，王自然，等 . 2021. 大数据 Hadoop 框架核心技术对比与实现 . 实验室研究与探索，40（2）：145-148，176.

张健琳，瞿明凯，陈剑，等 . 2021. 中国西南地区金属矿开采对矿区土壤重金属影响的 Meta 分析 . 环境科学，42（9）：4414-4421.

张俊杰 . 2018. 包气带中六价铬运移规律的离心试验研究 . 成都：成都理工大学 .

张秋垒，黄国鑫，王夏晖，等 . 2020. 基于案例推理和机器学习的场地污染风险管控与修复方案推荐系统构建技术 . 环境工程技术学报，10（6）：1012-1021.

张润，王永滨 . 2016. 机器学习及其算法和发展研究 . 中国传媒大学学报（自然科学版），23（2）：10-18，24.

赵博文，王灵矫，郭华 . 2020. 基于泊松分布的加权朴素贝叶斯文本分类算法 . 计算机工程，46（4）：91-96.

周永章，王俊，左仁广，等 . 2018. 地质领域机器学习、深度学习及实现语言 . 岩石学报，34（11）：3173-3178.

Abdullah A，Ali W. 2019. Hybrid intelligent phishing website prediction using deep neural networks with genetic algorithm-based feature selection and weighting. The Institution of Engineering and Technology，13（6）：659-669.

Alimi O A，Ouahada K，Abu-Mahfouz A M，et al. 2021. Power system events classification using genetic algorithm based feature weighting technique for support vector machine. Heliyon，7（1）：e05936.

Anwar A，Muthukrishnan M，Guha B. 2010. Sorption and transport modeling of hexavalent chromium on soil media. Journal of Hazardous Materials，174（1-3）：444-454.

Arpaia P，Cesaro U，Chadli M，et al. 2020. Fault detection on fluid machinery using Hidden Markov Models. Measurement，151：1-7.

Asefa T，Kemblowski M，Urroz G，et al. 2005. Support vector machines（SVMs）for monitoring network design. Ground Water，43（3）：413-422.

Bai Y，Li Y，Zeng B，et al. 2019. Hourly $PM_{2.5}$ concentration forecast using stacked autoencoder model with emphasis on seasonality. Journal of Cleaner Production，224：739-750.

Baruah S G，Ahmed I，Das B，et al. 2020. Heavy metal(loid)s contamination and health risk assessment of soil-rice system in rural and peri- urban areas of lower Brahmaputra valley，Northeast India. Chemosphere，266：129150.

Belgiu M，Dragut L. 2016. Random forest in remote sensing：a review of applications and future directions. ISPRS Journal of Photogrammetry and Remote Sensing，114：24-31.

Brandon E. 2013. National Site Contamination Law. Netherlands：Springer.

Breiman L. 2001. Random forests. Machine Learning，45（1）：5-32.

Canadian Council of Ministers of the Environment. 2008. National Classification System for Contaminated Sites. Winnipeg：Canadian Council of Ministers of the Environment.

Cao W，Zhang C. 2021. Data prediction of soil heavy metal content by deep composite model. Journal of Soils and Sediments，21（2）：1-12.

Chen S，Liang Z，Webster R，et al. 2019. A high-resolution map of soil pH in China made by hybrid modelling of sparse soil data and environmental covariates and its implications for pollution. Science of The Total Environment，665（10）：273-283.

Chen T，Guestrin C. 2016. XGBoost：A Scalable Tree Boosting System// the 22nd ACM SIGKDD International Conference. ACM.

Chenini I，Mammou A，May M. 2010. Groundwater recharge zone mapping using GIS-based multi-criteria analysis：a case study in Central Tunisia（Maknassy Basin）. Water Resources Management，24（5）：921-939.

Diersch H J G. 2014. Finite element modeling of flow，mass and heat transport in porous and fractured media. Berlin：Groundwater Modelling Centre DHI-WASY GmbH：1-19.

Divya M，Goyal S. 2013. ElasticSearch：An advanced and quick search technique to handle voluminous data. Compusoft，2（6）：171.

Guo H，Wang Z，Chen F，et al. 2014. Scientific Big Data and Digital Earth. Chinese Science Bulletin，59（35）：5066-5073.

Hu F，Xu M，Shen H. 2018. SVM parallel computing structure research and FPGA implementation.

Microelectronics and Computer, 35 (6): 79-83.

Jcp A, Smh A, Yong S, et al. 2020. Estimation of heavy metals using deep neural network with visible and infrared spectroscopy of soil. Science of The Total Environment, 741: 140162.

Jia X, Fu T, Hu B, et al. 2020. Identification of the potential risk areas for soil heavy metal pollution based on the source-sink theory. Journal of Hazardous Materials, 393: 122424.

Jia X, Hu B, Marchant B P, et al. 2019. A methodological framework for identifying potential sources of soil heavy metal pollution based on machine learning: A case study in the Yangtze Delta, China. Environmental Pollution, 250: 601-609.

Joy R, Sherly K K. 2016. Parallel frequent itemset mining with spark RDD framework for disease prediction//International Conference on Circuit. IEEE, 1-5.

Kennedy J, Eberhart R. 1995. Particle Swarm Optimization. 1995 IEEE International Conference on Neural Networks Proceedings, 4: 1942-1948.

Kotas J, Stasicka Z. 2000. Chromium occurrence in the environment and methods of its speciation. Environmental Pollution, 107: 263-283.

Lary D J, Alavi A H, Gandomi A H, et al. 2016. Machine learning in geosciences and remote sensing. Geoscience Frontiers, 7 (1): 3-10.

Li T K, Liu Y, Bjerg P L, et al. 2020. Prioritization of potentially contaminated sites: A comparison between the application of a solute transport model and a risk-screening method in China. Journal of Environmental Management, 281: 111765.

Liu H, Zhang Y, Yang J, et al. 2021. Quantitative source apportionment, risk assessment and distribution of heavy metals in agricultural soils from southern Shandong Peninsula of China. Science of The Total Environment, 767 (24): 144879.

Liu W, Anguelov D, Erhan D, et al. 2016. SSD: Single Shot Multibox Detector. European Conference on Computer Vision. Springer, Cham: 21-37.

Liu X, Zhang D, Zhang J, et al. 2021. A path planning method based on the particle swarm optimization trained fuzzy neural network algorithm. Cluster Computing, 24: 1901-1915.

Liu Y, Yuan M, He J, et al. 2015. Regional Land- Use Allocation with a Spatially Explicit Genetic Algorithm. Landscape and Ecological Engineering, 11 (1): 209-219.

Liu G, Zhou X, Li Q, et al. 2020. Spatial Distribution Prediction of Soil as in a Large-Scale Arsenic Slag Contaminated Site Based on an Integrated Model and Multi- Source Environmental Data. Environmental Pollution, 267: 115631.

Maxwell A, Warner T, Fang F. 2018. Implementation of machine-learning classification in remote sensing: an applied review. International Journal of Remote Sensing, 39 (9): 2784-2817.

Ministry for the Environment New Zealand. 2004. Ministry for the Environment New Zealand (MENZ), Risk Screening System: Contaminated Land Management Guidelines No. 3 Wellington.

Naghibi S, Pourghasemi H, Dixon B. 2016. GIS-based groundwater potential mapping using boosted regression tree, classification and regression tree, and random forest machine learning models in Iran. Environmental Monitoring & Assessment, 188 (1): 44.

Nasfi R, Amayri M, Bouguila N. 2020. A novel approach for modeling positive vectors with inverted Dirichlet-based hidden Markov models. Knowledge-Based Systems, 192: 1-17.

Pecina V, Brtnick M, T Baltazár, et al. 2020. Human health and ecological risk assessment of trace elements in urban soils of 101 cities in China: A meta-analysis. Chemosphere, 267: 129215.

Porta J, Parapar J, Doallo R, et al. 2013. High performance genetic algorithm for land use planning. Computers, Environment and Urban Systems, 37: 45-58.

Pyo J C, Hong S M, Kwon Y S, et al. 2020. Estimation of heavy metals using deep neural network with visible and infrared spectroscopy of soil. Science of the Total Environment, 741: 140162.

Rizeei H, Azeez O, Pradhan B, et al. 2018. Assessment of groundwater nitrate contamination hazard in a semi-arid region by using integrated parametric IPNOA and data-driven logistic regression models. Environmental Monitoring and Assessment, 190 (11): 633.

Schwaab J, Deb K, Goodman E, et al. 2017. Improving the performance of genetic algorithms for land-use allocation problems. International Journal of Geographical Information Science, 32 (5): 907-930.

Sigbert H, Gundula P, Marc V, et al. 2013. Progress of contaminated sites management in Europe//Proceedings of BIT's 3rd International Congress of Environment, Beijing.

United States Environmental Protection Agency. 2010a. Guidance for performing preliminary assessments under CERCLA. Washington DC: U. S. Environmental Protection Agency.

United States Environmental Protection Agency. 2010b. Guidance for Perform Site Inspections under CERCLA. Washington DC: U. S. Environmental Protection Agency.

Wang D, Liu J, Zhu A, et al. 2019. Automatic extraction and structuration of soil-environment relationship information from soil survey reports. Journal of Integrative Agriculture, 18 (2): 328-339.

Wang X, Zeng X, Liu C, et al. 2016. Heavy metal contaminations in soil-rice system: source identification in relation to a sulfur-rich coal burning power plant in Northern Guangdong Province, China. Environmental Monitoring & Assessment, 188: 460.

Weng C, Huang C, Allen H, et al. 1994. Chromium leaching behavior in soil derived from chromite ore processing waste. Science of the Total Environment, 154 (1): 71-86.

Wu H, Liu Q, Ma J, et al. 2020. Heavy Metal (loids) in typical Chinese tobacco-growing soils: Concentrations, influence factors and potential health risks. Chemosphere, 245: 125591.

Yadav B, Gupta P, Patidar N, et al. 2019. Ensemble modelling framework for groundwater level prediction in urban areas of India. Science of the Total Environment, 135539.

Yang Y, Yang X, He M J, et al. 2020. Beyond mere pollution source identification: determination of land covers emitting soil heavy metals by combining PCA/APCS, GeoDetector and GIS analysis. Catena, 185: 104297.

Zervoudakis K, Tsafarakis S. 2020. A mayfly optimization algorithm. Computers & Industrial Engineering, 145: 106559.

Zhang X, Wei X, Sang Q, et al. 2020. An efficient FPGA-based implementation for quantized remote sensing image scene classification network. Electronics, 9 (9): 1344.